U0960289

中等职业学校创新示范教材

绿化苗木繁育

林玉宝　主编

中国林业出版社
CFPH China Forestry Publishing House

图书在版编目(CIP)数据

绿化苗木繁育 / 林玉宝主编. —北京 : 中国林业出版社, 2019.10
中等职业学校创新示范教材
ISBN 978-7-5038-8224-1

Ⅰ. ①绿… Ⅱ. ①林… Ⅲ. ①苗木－栽培技术－中等专业学校－教材
Ⅳ. ①S723

中国版本图书馆 CIP 数据核字(2015)第 250173 号

责任编辑 田 苗
出版发行 中国林业出版社
邮编:100009
地址:北京市西城区德内大街刘海胡同 7 号
电话:010－83143557
邮箱:jiaocaipublic@163. com
网址:http://www. forestry. gov. cn/lycb. html
经 销 新华书店
印 刷 固安县京平诚乾印刷有限公司
版 次 2019 年 10 月第 1 版
印 次 2019 年 10 月第 1 次印刷
开 本 710mm×1000mm 1/16
印 张 10. 5
字 数 180 千字
定 价 42. 00 元

前言

“绿化苗木繁育”是园林绿化专业的专业核心课程，是根据绿化苗木繁育典型职业活动直接转化的理论与实践一体化课程，是园林绿化专业系列教材之一。

本教材依据园林绿化专业和目前中等职业学校学生的认知特点，结合园林专业的培养目标，兼顾知识性、应用性和趣味性，按照理论知识“够用”和技能“先进、实用”的原则确定教材内容。在编写过程中体现“学中做”和“做中学”的理念，突出对学生基本职业能力的培养。

本教材按单元、项目、任务模式编写，共分 4 个单元 16 个任务。每个单元设有单元导读、单元小结、单元练习与考核；每个项目设有学习内容、小贴士；每个任务设有任务描述、任务目标、任务流程；任务流程中的每个环节设有理论知识、技能训练、操作技巧等。同一单元中做到过程相同、任务不同、侧重点不同，主题明确、逻辑清晰、结构完整。

本教材的编写以典型的工作任务流程为主线，结合园林行业工作季节性强和植物生长发育的特点，将行业标准有机地融入教材内容当中，体现职业性，突出技能性。本教材通过知识学习呈现理论知识，通过技能训练与图表呈现过程性知识，通过操作技巧呈现隐性知识，体现出本教材的可读性和可操作性较强的特点。

本书由从事中等职业教育教学改革的一线教师和富有多年企业生产经验的生产一线工作人员编写。由北京市园林学校林玉宝任主编并统稿，具体分工如下：单元一、单元二由北京市园林学校林玉宝编写；单元三由北京市园林学校马垣编写；单元四由北京市园林学校于红立编写。图片由林玉宝、吕爱国提供。

编者

2019 年 8 月

目录

前言

单元一
播种苗繁育

单元介绍

播种苗是通过种子繁殖而形成的苗木，也称为实生苗。播种是常用的园林植物繁殖方法之一。种子生长发育特点不同，结合季节的特点，决定了不同树种繁育播种苗的季节和方法也就不同。

在生产实际中，由于种子的体积小，重量轻，采集、运输、贮藏都较方便，因此，一次播种可以获得大量苗木。播种苗具有完整根系，所以对外界适应性较强，抗逆性较强，如抗风、抗寒、抗干旱等能力。播种苗是从种子开始发育生长，阶段发育完整，从幼苗到衰老所经过的时间长，开花结果也较晚，寿命比营养苗长。特别是幼苗及幼年阶段容易受外界条件的影响，具有较大的可塑性，便于引种驯化。杂交幼苗中，由于遗传的分离，可以自然选育出一些新品种，这对于杂交育种及驯化具有很大意义。

依据植物种子的生理特性和发芽后植物生长特点，在春季、秋季或随采随播进行播种。依据种粒的大小，采用点播、条播、撒播的播种方式。依据播种量的多少，采用人工播种或机械播种的方法进行播种。

播种繁殖苗木的过程包括制订繁育计划、繁育工作准备、播种及播种后管理、苗木管理、苗木出圃、技术档案记录等环节。

本单元分为秋季繁育播种苗和春季繁育播种苗两个项目，每个项目包含两个任务，每个任务侧重点不同。两个项目涵盖了繁育播种苗的全部过程。

单元目标

通过完成播种苗的繁育过程，学习种子准备、育苗地准备、撒种及幼苗抚育管理等相关岗位知识；熟悉繁育播种苗的流程和规程、规范；学会编写繁育计划书、种子品质检验、种子消毒、种子催芽、整地作床、播种、间苗、补苗、小苗移植、浇水、病虫害防治、防寒等相关岗位技能；能使用繁育播种苗工具；能够按照播种苗的繁育过程，建立繁育播种苗的技术档案，具备繁育播种苗的职业能力。

项目一 秋季繁育播种苗

秋季是仅次于春季的播种季节。一些大、中粒种子或种皮坚硬、有生理休眠特性的种子都可以在秋季播种。一般种粒很小或含水量大而易受冻害的种子不宜秋播。

秋季是符合自然规律的播种期，种子在土壤中完成了休眠、催芽过程，翌春幼苗出土早、整齐，扎根深，能增强抵抗力。秋播节省了种子贮藏和催芽工作费用，可降低育苗成本。但秋播也具有种子留土时间长，易受鸟、兽危害，播种量较春播大等缺点。

秋播的时间因树种特性和当地气候条件的不同而异。自然休眠的种子播种期应适当提前，可随采随播；被迫休眠的种子，应在晚秋播种，以防当年发芽受冻。为减轻各种危害，秋播应掌握“宁晚勿早”的原则。

本项目的侧重点为种子品质检测、种子消毒、层积催芽、整地、作垄点播、作床条播、间苗补苗、土球移栽、绿篱苗出圃等知识和技能点。

任务一 繁育山桃苗

山桃花淡粉色，花期早，盛花时繁茂如雪，绯红如云，若以苍松翠柏为背景，更显其妖艳之美(图 1-1)。既可作为绿化树种，也可作为碧桃、榆叶梅、紫叶矮樱等观赏花灌木的嫁接砧木。

图 1-1 山 桃

山桃多采用播种繁殖。

【任务描述】

北京市某苗圃为嫁接碧桃，现准备繁育一部分山桃树苗，作为砧木用苗。苗木要求生长健壮，无病虫害，地径为 1～2cm。苗圃技术员根据繁育过程和要求制订了繁育计划，需技术工人根据就计划进行繁育过程的实施。

【任务目标】

(1)了解山桃繁育过程中种子准备、育苗地准备、播种、小苗管理、日志记录的理论知识。

(2)按照计划书的内容初步学会种子品质检测、种子消毒、整地作垄、大粒种子播种及小苗管理等技能。

(3)初步学会繁育大粒种子树种播种苗的过程。

【任务流程】

繁育准备工作 ⇨ 播种及播种后管理 ⇨ 幼苗及小苗管理

环节一：繁育准备工作

【理论知识】

一、种子

1. 大粒种子

种粒直径大于 0.5cm 的种子，称为大粒种子。如山桃、山杏、银杏、板栗、核桃、毛榛、辽东栎、蒙古栎等。

2. 种子成熟

种子成熟过程就是胚和胚乳发育的过程。种子成熟包括生理成熟和形态成熟两个过程。

(1)生理成熟

当种子内部的营养物质贮藏到一定程度，种胚形成，种子具有发芽能力时，称为种子生理成熟。

生理成熟后种子本身含水量高，内部营养物质处于易溶状态，种皮不致密，尚未完全具备保护种仁的特性，种子水分容易散失。此时采集的种子，其种仁容易收缩，降低发芽率，不利于贮藏。种子播种出苗后，生长势弱，抗性差，也容易被微生物侵害。因此大多数树木种子不应在此时采集。

(2)形态成熟

当种子完成了种胚发育过程后，在外部形态上也呈现出固有的成熟特征时称为形态成熟。此时的种子种皮具有一定光泽和色泽，果实一般由绿色转为黄褐色、红色或暗褐色等。

种子形态成熟后含水量降低，本身重量不再增加或增加很少，种子内部的营养物质由易溶状态转为难溶解的脂肪、蛋白质和淀粉。此时种仁饱满，种皮坚硬致密，抗性强。形态成熟的种子，呼吸作用微弱，开始进入休眠状态，容易贮藏，种子播种后出苗整齐，生长势旺盛。大多数园林树木种子宜在此时采集。

3. 种子品质检验

种子品质检验是指对种子品质指标的检测。主要包括种子纯(净)度、千粒重、含水量、发芽率、生活力的测定。

纯净度：纯净种子质量占供检样品质量的百分比。

千粒重：1000 粒种子的质量。

发芽率：发芽种子数占供检种子数的百分比。

含水量：种子含水量占供检种子质量的百分比。

生活力：指种子潜在的发芽能力。

4. 播种量

播种量指单位面积上所播种子的数量。

(1)播种量计算方法

$$A = (C \times N \times P)/(E \times K) \times 1000^2$$

式中 C——损耗系数，因树种、育苗地条件、育苗技术水平等条件而异。变化范围大致如下：大粒种子(千粒重大于 700 g 以上)，$C=1$，如山桃；中、小粒种子(千粒重 3~700 g)，$1<C<2$，如油松、圆柏；微、小粒种子(千粒重 3g 以下)，$10<C<20$，如杨树等。

A——单位面积(或单位长度)的播种量(kg)。

N——单位面积(或单位长度)最适宜的计划产苗量(株)。

P——种子的千粒重(g)。

E——种子的纯净度。

K——发芽率。

(2)部分园林树木播种量与产苗量(表 1-1)

表 1-1　部分园林树木播种量与产苗量参照

树　种	播种量（kg/100m²）	产苗量（株/100m²）	树　种	播种量（kg/100m²）	产苗量（株/100m²）
油　松	10～12.5	10 000～15 000	元宝枫	2.5～3.0	1200～1500
白皮松	17.5～20	8000～10 000	合　欢	2.0～2.5	1000～1200
侧　柏	2.0～2.5	3000～5000	刺　槐	1.5～2.5	800～1000
圆　柏	2.5～3.0	3000～5000	槐　树	2.5～5.0	1200～1500
云　杉	2.0～3.0	15 000～20 000	小叶白蜡	1.5～2.0	1200～1500
银　杏	7.5	1500～2000	臭　椿	1.5～2.5	600～800
锦熟黄杨	4.0～5.0	5000～8000	紫　藤	5.0～7.5	1200～1500
小叶椴	5.0～10	1200～1500	紫　荆	2.0～3.0	1200～1500
山　桃	10～12.5	1200～1500	丁　香	2.0～2.5	1500～2500
山　杏	10～12.5	1200～1500	文冠果	5.0～7.5	1200～1500
贴梗海棠	1.5～2.0	1200～1500	紫　薇	1.5～2.0	1500～2000
卫　矛	1.5～2.5	1200～1500	杜　仲	2.0～2.5	1200～1500
紫　椴	5.0～10	1200～1500	小叶女贞	2.5～3.0	1500～2000

5. 工作日志

记录当天完成工作的情况，是育苗技术档案的重要组成部分。一般包括工作内容、完成情况、技术措施等。

二、整地作垄

1. 整地

播种前或种植前对土壤进行清理、翻耕、平整等工作。

2. 作垄

根据播种的要求，在整地后进行育苗垄的制作。

(1)育苗垄

垄高20～30cm，垄面宽30～40cm，垄底宽60～80cm。

(2)垄作的优点

① 土壤不易板结，有利于作物根系生长。② 垄作地表面积比平地增加20%～30%，使土壤受光面积增大，吸热散热快；白天土温可比平地增高2～3℃，夜间散热快，土温低于平地。由于昼夜温差大，有利于光合产物的积累。③ 垄台与垄沟的位差大，大雨后有利于排水防涝，干旱时可顺沟灌溉，以免受旱。④ 垄

台能阻风和降低风速；被风吹起的土粒落入邻近垄沟，可减少风蚀；植株基部培土较高，可防倒伏。⑤ 有利于集中施肥，可节约肥料。

【技能训练】

一、种子准备

（一）山桃种子品质检验

种子的来源途径主要有两种：一种途径是通过购买的获得商品化的种子，可一次获得足够数量的种子，且品质得以保证，但成本较高；另一种途径是通过种实的采集、处理获得需要的种子（图 1-2）。

图 1-2　山桃种子

无论是商品化种子还是采收的种子都要按照《中华人民共和国种子法》（以下简称《种子法》）和《林木种子检验规程》（GB 2772—1999）的要求，在实验室中对种子品质进行检测，为确定播种量提供依据。

种子品质检验是指对种子品质指标的检测。主要包括种子纯（净）度、千粒重、含水量、生活力、发芽率的测定。

1. 所需用品

电子秤（0.01g）、镊子、直尺、计算器、待测山桃种子、培养箱、铝盒、低温烘干箱（100～110℃）、培养皿、铅笔、解剖刀、1.0% 四唑指示剂等。

2. 内容及步骤

（1）纯净度（E）的测定

① 在实验室操作台上用四分法选取山桃测定样品（图 1-3）。

② 用电子秤称量山桃种子样品的质量 W_1 并记录。

③ 用镊子将样品中的杂质拣出，得到纯净的种子（图 1-4）。

④ 将纯净种子样品再次用电子秤称量质量 W_2 并记录。

⑤ 计算种子纯净度：种子纯净度 $E = (W_2/W_1) \times 100\%$。

（2）千粒重（P）的测定

选取 1000 粒山桃纯净种子，在电子秤上称其质量并记录。

图 1-3　四分法取样

图 1-4　挑拣杂质

图 1-5　培养箱

(3) 发芽率(K)测定

① 选取 100 粒山桃种子，放入培养箱中进行发芽培养(图 1-5)。

② 每天观察山桃种子的发芽情况，记录发芽种子数。

③ 从第一粒种子萌发开始，记录一周的时间。

④ 计算种子发芽率：山桃种子发芽率 K = (发芽率种子粒数/供检种子粒数) ×100%。

(4) 含水量的测定

①称取铝盒质量 W。

②选取 100 粒山桃种子，装入铝盒中称取质量 W_1，放入低温烘干箱烘干 17h 左右。

③取出铝盒迅速放入干燥器里冷却 30~45 min，称取质量 W_2。

④计算含水量：含水量 = $[(W_1 - W_2)/(W_1 - W)] \times 100\%$。

(5) 生活力的测定

①选取 100 粒浸泡好的山桃种子，将种仁取出，用解剖刀从中间剖开，注意保护好种胚。

②将处理好的种子放入烧杯中，加入 1.0% 的四唑溶液，将种子淹没，然后置于 35℃ 恒温培养箱中避光染色 0.5~1h。

③ 染色后的山桃种子经清水冲洗后进行染色情况的观察鉴定。

胚部全部显成鲜红色，仅子叶远离胚芽部分、子叶边缘少许未染色的种子，为有生活力的种子。

④ 结果计算及处理：统计各个重复中有生活力的山桃种子数，并计算其平均值。

3. 注意事项

(1) 每项检验内容需进行 3 次以上的重复。

(2) 根据试验结果，将所得数据填入表 1-2。

（3）在进行种子检测过程中，穿工作服，戴工作帽、手套、口罩。

（4）在检验过程中，爱护仪器，轻拿轻放，避免损坏。

（5）工作结束后及时填写工作日志(见附表1)。

表1-2　种子品质检验报告(部分)

种子名称	Ⅰ	Ⅱ	Ⅲ	平均值
纯净度(%)				
千粒重(g)				
发芽率(%)				
含水量(%)				
生活力(%)				

小贴士

《种子法》和《林木种子检验规程》(GB 2772—1999)是规范和指导农作物和林木的品种选育及种子生产、经营、使用、管理等活动的法律依据。本单元涉及的内容为种子检验的部分内容。

(二)播种量计算

根据上述表格中所测得的数据，通过公式计算山桃播种量。

二、播种地准备

(一)整地

按照《城市园林苗圃育苗技术规程》(CJ/T 23—1999)中整地的规程规范整地作垄。

1. 所需用品

尖锹、平锹、平耙、皮尺、线绳、白灰粉、木桩、手套等。

2. 内容及步骤

(1)翻耕(耕地、犁地)

为保证播种地的土壤疏松，便于蓄水保墒，利于种子发芽，在播种前将播种地结合施基肥进行翻耕。翻耕时如果播种的面积较大可用机械翻耕，如果面积较小可进行人工翻耕。

一般山桃育苗地翻耕深度在30~35cm(图1-6)。

(2) 育苗地平整

此步骤是进行育苗地土壤的平整工作。土地整平后便于作育苗床或作育苗垄(图1-7)。

(3)浅耕

深度为5~10cm，工具有圆盘耙、平耙等，主要目的是将较大的土壤颗粒打碎，便于作床或作垄。

图1-6　耕　地

图1-7　土地平整

图1-8　作高垄

(二)作垄

因山桃为大粒种子，故按大粒种子播种的要求作高垄(图1-8)。

1. 定桩画线

(1)用皮尺在播种地的一边量取10m的长度，作为垄长(视播种量的多少及地块的条件，可适当调整长度)，并在两端钉木桩。

(2)在两根木桩之间拉上线绳，并绷紧。

(3)用白灰粉沿线绳在地面撒出一条清晰的白线。

(4)自木桩处沿与白线垂直的方向上分别隔1m钉一个木桩。

(5)重复(2)、(3)的步骤。

2. 堆垄

在两条白线之间用尖锹铲土堆在白线上，随堆随踩，堆成高为20~30cm土垄即可。

3. 铲顶

用平锹沿土垄的顶端，将顶端铲平。

4. 修边

用平锹沿土垄的两侧各呈60°角将两侧铲平并拍实。

(三)注意事项

(1)播种地一定要整平，否则垄的高度不一致。

(2)木桩要钉牢，线绳必须绷紧。

(3)土埂一定要踩实，防止浇水时坍塌。

(4)操作时注意安全。

(5)工作结束后擦拭工具。

(6)及时填写工作日志(见附表1)。

操作技巧：

培垄时，不要一次成型。要先在两条白线之间铲一浅沟，并左右培土。铲完后观察沟是否通直，如通直再行培土，一人培土，一人踩实，直到达到垄高为止。如不通直，要加以修正，修直后再行培土。

环节二：播种及播种后管理

【理论知识】

一、播种

1. 播种工序

包括开沟(或挖坑)、撒种、覆土、镇压等环节。人工播种按顺序进行，机械播种则一次完成。

2. 覆土厚度

覆土应厚度适当，均匀一致。覆土过厚会导致幼苗出土困难，幼苗长时间停留在土壤内会造成腐烂死亡。覆土厚度一般为种子直径的2~3倍，大粒种子可稍厚一些。部分常见种子覆土厚度见表1-3。

表1-3　部分常见种子覆土厚度　cm

树　种	覆土厚度
杨、柳、桦、桉、泡桐等极小粒种子	以隐约可见种子为度
落叶松、杉木、柳杉、樟子松、榆树、黄檗、黄栌、马尾松、云杉等及种粒大小相近的种子	0.5~1.0
油松、侧柏、梨、卫矛、紫穗槐及种粒大小相近的种子	1.0~2.0
刺槐、白蜡、水曲柳、臭椿、复叶槭、椴树、元宝枫、槐树、红松、华山松、枫杨、梧桐、女贞、皂角、樱桃、李及种粒大小相近的种子	2.0~3.0
胡桃、板栗、栓皮栎、油茶、油桐、山桃、山杏、银杏及种粒大小相近的种子	3.0~5.0

3. 播种株、行距

株距指相邻两粒种子之间的距离，大粒种子的株距一般为10~30cm。行距指相邻两条播种沟的距离，大粒种子一般为20~30cm。

4. 点播

点播是将一粒或几粒种子播种在播种穴或按一定的株距播种在播种沟内的方法。一般适用于大粒种子的播种。

二、播种后管理

春季出苗前，将覆盖于育苗垄面上较厚的土壤用工具去掉一部分，同时对育苗垄的两侧进行培土，即扒土培垄。

【技能训练】

按照《城市园林苗圃育苗技术规程》(CJ/T 23—1999)中的播种规程进行山桃的播种和管理。

一、播种山桃

播种方法：点播

1. 所需用品

开沟器、平耙、皮尺、线绳、木桩、山桃种子等。

2. 内容及步骤

(1)定桩挂线

在做好的育苗垄顶面上靠近中心部位确定行距20～30cm的两条播种沟。

并在育苗垄顶面垄的两端钉上木桩，挂上线绳，并用工具沿线绳的方向在对面画一直线。

(2)开沟或挖穴

用开沟器沿线开出宽5cm、深10～15cm的两条播种沟。或用小镐在垄面上间隔20～30cm挖穴。

(3)播种

山桃种子采用点播的方法进行播种。按株距10～30cm的距离逐个放在播种沟内(图1-9)。

图1-9　点　播

(4)覆土

用平耙将播种沟边的土壤填入播种沟内。

(5)镇压

用铁锹沿播种沟的方向将土壤拍实。

如进行机械播种，可上述过程一次完成(图 1-10)。

图 1-10　机械播种

二、播种后管理

1. 种子未发芽前的管理

(1)浇水

播种后沿垄沟方向浇水，直到育苗垄顶面土壤湿润为止。土壤上冻前以同样的方法浇冻水。第二年春季结合扒土培垄浇春水。

(2)扒土培垄

第二年春季 3 月初，用平锹或平耙将育苗垄上方的土壤扒掉一部分，利于种子发芽出苗。扒掉土层的厚度视种子大小而定，一般为 5cm 左右。同时将育苗垄的侧面用土培好，防止因坍塌使种子露出。

2. 种子发芽后的管理

种子发芽后要及时浇水，防治病虫害。

三、注意事项

(1)播种沟一定要直。

(2)种子一定要放入播种沟的底部。

(3)水一定要浇透，但注意不要串垄。

(4) 操作时注意安全。

(5) 工作结束后擦拭工具。

(6) 及时填写工作日志（见附表 1）。

操作技巧：

1. 用平耙覆土时应将钉尖朝上使用。
2. 使用开沟器开沟时，应沿画线方向，倒退行走。
3. 沿垄沟浇水时，水浇到垄高的 3/4 即可，让水将垄面浸透。

环节三：幼苗及小苗管理

【理论知识】

一、日常管理

1. 浇水

通过合理灌溉使育苗床（或垄）保持湿润，防止幼苗失水，还可调节地表温度，防止日灼危害。

2. 除草

除草即除去与苗木争夺水分和养分的杂草，这是小苗管理的重要措施之一。育苗地要及时除草，要做到在幼苗整个生长期内不受杂草的危害。除草的方法可分为人工除草、机械除草、化学除草等。

3. 幼苗修剪

山桃作为嫁接用砧木，幼苗应保证距地表 20~30cm 的主干光滑、通直。

二、移植

1. 幼苗移植

幼苗移植又叫换床，即将苗木从原育苗地移到另一个育苗地栽植的过程。一般阔叶树采用裸根移植，常绿树采用宿土或土球移植。

2. 裸根移植

裸根移植是苗木在移植时，起苗时根系不带土的移植方法。

3. 移植的作用

通过移植能够培养苗木良好的有效根系，能够培养苗木端直挺拔的树干，能培养苗木良好的冠丛。

4. 苗木根幅的确定标准

落叶乔木及有主轴的花灌木以树木的胸径或地径的 8~10 倍计算；丛生灌木

以树高的 1/3 计算。

5. 移植的次数

一般说来，移植的次数以 2～3 次为宜。在播种一年后进行第一次移植，每隔 2～3 年移植一次，并扩大一次株行距。

6. 移植时间

生长较快的树种，幼苗出现 2～4 片真叶后即可移植。为避免苗木的蒸腾失水，减少苗木的损耗，一般在阴天或早晚进行。

【技能训练】

一、日常管理

按照《城市园林苗圃育苗技术规程》(CJ/T 23—1999) 中对幼苗的抚育管理技术要求进行幼苗及小苗管理。在幼苗及小苗期间要精细管理，主要包括浇水、除草及病虫害防治等内容。

1. 所需物品

铁锹、手锄、剪枝剪、手推车、手套等。

2. 内容及步骤

(1) 浇水

采用渠灌，即用引水渠将水从水源处引到育苗地进行灌溉 (图 1-11)。

①打开水源。

②待渠水进入育苗地后，用铁锹将垄沟的渠口打开进行浇水。

③待垄面全部浸透后即可。

④关闭水源。

操作技巧：

浇水时水流不能过猛，否则会将垄体冲塌，造成种子或小苗根系外露。如水流过大，可同时打开几个渠口进行浇水。

(2) 除草

采用人工除草 (图 1-12)，用手锄将生长在苗垄上及垄沟内的杂草全部清除。

(3) 修剪

用剪枝剪将靠近幼苗根部的枝条自分枝点处全部剪掉，不能留桩。

图 1-11　引水渠

图 1-12　人工除草

3. 注意事项

(1)工作时注意力要集中，防止在浇水时发生跑水现象。

(2)除草时要注意保护好幼苗根系及根颈部位的树皮。

(3)修剪时，只剪除不要的枝条，剪口越小越好。

(4)操作时注意安全。

(5)工作结束后擦拭工具。

(6)及时填写工作日志(见附表 1)。

二、山桃苗移植

为便于嫁接碧桃或其他苗木，将播种后达到嫁接要求的山桃苗进行移植。山桃播种 1~2 年后即可达到嫁接砧木的粗度要求。

1. 移植前准备

移植时间：春季苗木未发芽前；

移植方法：裸根移植；

移植株、行距：25cm × 80cm；

所需用品：铁锹、剪枝剪、手推车、手套等。

2. 内容及步骤

(1)定栽植点

按照一定的株、行距在移植用地内定点。

(2)挖坑

按比根幅直径大 30~40cm 的规格挖坑，要求坑壁上下垂直(图 1-13)。

(3)起苗

①以树干为中心，以 30cm 为直径，向下挖掘。

②向下挖 20~30cm 深后，将苗木取出，打掉土坨。

③用剪枝剪将劈裂的根修剪平整。

(4)栽苗

①将苗木放入树坑中心，扶直。

②用铁锹将树坑周围的土壤填入坑中，做到“三埋、两踩、一提拉”。

(5)浇水与扶直

①苗木栽好后立即浇第一遍水，水量不要太大，其作用是让根系周围的土壤向下沉。

②浇第一遍水 1d 后，检查苗木情况，出现歪倒现象应进行扶直；若根部周围出现下沉或坑洼现象应及时填平并踩实。

③第一遍水浇后 3~4d 浇第二遍水，一周后浇第三遍水(图 1-14)。

图 1-13　挖　坑

图 1-14　山桃苗移植后的生长状况

3. 注意事项

(1)挖坑的坑壁一定要垂直，坑的大小要一致。

(2)起苗时不可挖到一半时往外拔。

(3)起苗时要保护好树皮。

(4)水要浇匀浇透。

(5)操作时注意安全。

(6)工作结束后擦拭工具。

(7)及时填写工作日志(见附表 1)。

操作技巧：

1. 挖坑时将土放在坑的一侧，堆成一堆，埋苗时便于操作(图 1-13)。

2.“三埋、两踩、一提拉”是保证苗木移植成活率的关键环节之一。当土埋到坑的一半时，将树苗轻轻向上提一提，然后踩实，即为“一埋一提一踩”；继续埋土至与坑平齐踩实，即为“二埋二踩”；用剩余土壤将坑填平，即为“三埋”。

思考与讨论

1. 什么是播种苗？为什么要进行播种苗的繁育？
2. 种子品质检验包括哪些内容？
3. 如何计算播种量？
4. 育苗垄的规格是什么？
5. 整地作垄的过程是什么？如何保证育苗垄做得通直？
6. 什么是点播？点播适用于哪些种子？
7. 如何保证移植的成活率？

任务二　繁育圆柏苗

圆柏针、鳞叶共存，甚为奇特。寿命长，耐旱、耐寒，是绿化的良好树种之一（图 1-15）。圆柏在园林中既可作为观赏树种，也可作为绿篱、色带等栽植，小苗也可作为嫁接“龙柏”的砧木。也可在催芽后进行春季播种繁殖。

圆柏多在秋季进行播种繁殖。

图 1-15　圆　柏

【任务描述】

北京市某苗圃准备繁育一部分圆柏树苗作为绿篱用苗。苗木要求生长健壮，无病虫害，高度为 1～1.2m。苗圃技术员根据繁育过程和要求制订了繁育计划，需技术工人根据计划进行繁育过程的实施。

【任务目标】

（1）了解圆柏繁育过程中种子准备、育苗地准备、播种小苗管理、日志记录的理论知识。

（2）按照计划书的内容初步学会种子消毒、整地作床、播种及小苗管理等技能。

（3）初步学会繁育圆柏播种苗的过程。

【任务流程】

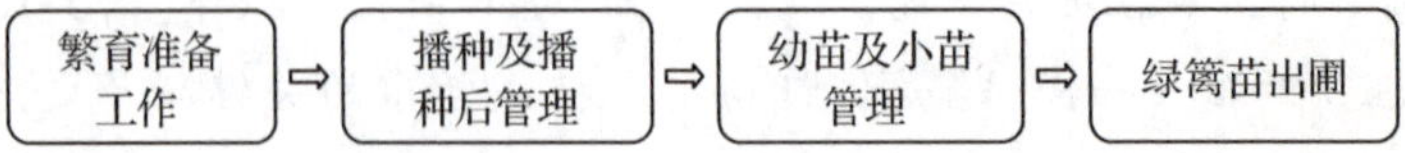

环节一：繁育准备工作

【理论知识】

一、种子

(一)种子的类型

1. 中、小粒种子

种子直径为0.1～0.5cm的种子称为中小粒种子。如圆柏、侧柏、锦熟黄杨等。

2. 细小粒种子(微粒种子)

种子直径小于0.1cm的种子。如杨、柳、桦、泡桐等。

(二)种子调制

种子调制的内容包括脱粒、净种、干燥、分级等内容。

1. 脱粒

脱粒是将种子从果实中取出的过程。果实的类型不同，脱粒方法也不同。

果实为球果类的树种多数为松柏类。球果成熟之后，果鳞逐渐干燥开裂，种子脱出。这类种子要在球果成熟尚未开裂时采收。球果采集后利用自然干燥法，经过阳光暴晒，球果开裂，种子脱出。对于果鳞易分泌出大量油脂的球果，可以摊开阴干，注意翻动，几天后种子即可脱出。另有少数树种的球果，用一般方法摊晒，果鳞难以开裂，如马尾松，这类球果可用堆沤法，将球果堆成堆，浇上清水或石灰水，沤制10d左右，再摊开暴晒。

2. 净种

净种即除去种子中的各种杂质，获取纯净种子的过程。净种的方法有风选、水选、筛选、粒选。

(三)种子消毒

种子消毒是利用化学药剂杀灭或抑制种皮外部虫卵及微生物的过程。常用药剂及用法见表1-4。

表1-4 常用的消毒药剂及用法

药剂名称	用法	浓度	时间	作用
硫酸铜	溶液浸种	0.3%～1.0%	4～6h	硫酸铜溶液不仅可消毒，对部分树种(如落叶松)还具有催芽作用，可提高种子的发芽率

（续）

药剂名称	用 法	浓 度	时 间	作 用
敌克松	粉剂拌种	种子重量的0.2%~0.5%	先用药量10~15倍的土配制成药土，再拌种。拌好后直接播种	对苗木猝倒病有较好的防治效果
福尔马林	溶液浸种	0.15%	种子放入溶液中浸泡15~30min，取出后密闭2h，摊开阴干后播种	广谱杀菌消毒，对胚根已突破种皮的种子，不宜采用本方法消毒
高锰酸钾	溶液浸种	0.5%或3%	浸种30min，取出后密闭30min，用清水冲洗干净后播种	广谱杀菌消毒，对胚根已突破种皮的种子，不宜采用本方法消毒
石灰水	浸种	1%~2%	24h	对落叶松等有较好的灭菌作用
氯化汞	溶液浸种	0.1%	15min	适用于樟树等树种

(四)种子休眠与催芽

1. 种子休眠

种子休眠指活种子在适宜的萌发条件(温度、水分和氧气等)下仍不能发芽的现象。种子休眠的原因很多，主要有以下几方面。

(1)胚的影响

主要是生理后熟现象。如银杏、樱桃、山楂、梨、苹果等种子胚的外部形态虽已具备成熟特征，但在生理上必须经过后熟过程，在种子内部完成一系列生理生化变化以后才能萌发。

(2)内含物的影响

主要含有抑制萌发的物质。有些种子或果实内含有萌发抑制剂，其化学成分因植物而异，如挥发油、生物碱、激素(如脱落酸)、氨、酚、醛等都有抑制种子萌发的作用。它们大多是水溶性的，可通过浸泡冲洗逐渐排除；同时也不是永久性的，可通过贮藏过程中的生理生化变化，使之分解、转化、消除。

(3)种皮的影响

主要是由种皮构造所引起的透性不良和机械阻力的影响。有的是种皮因具有栅状组织和果胶层而不透水，导致吸水困难，阻碍萌发；有的种皮虽可透水，但气体不易通过或透性甚低，因而阻碍了种子内的有氧代谢，使胚得不到营养而不能萌发。有些"硬实"种子则是由于坚厚种皮的机械阻力，使胚芽不能穿过而阻止萌发。

2. 种子催芽

催芽就是通过人为技术措施，使处于休眠状态下的种子在适宜的外界条件(水分、温度、空气等)作用下，打破种子休眠状态，促进种子提早萌发的过程。经催芽的种子播种后出苗快、出苗齐，幼苗生长健壮。常用的催芽方法有：水浸催芽、层积催芽、混沙催芽、变温催芽、雪藏催芽、去蜡浸种、机械损伤、化学药剂、物理射线照射等。在催芽的过程中往往采取多种催芽方法混合使用，达到催芽效果。

(1) *层积催芽*

将种子与3倍湿沙分层交替层积，沙子的湿度控制在60%左右，放在一定的温度、湿度和通气的条件下，促进其发芽(表1-5)。

(2) *变温催芽*

变温催芽是指高温与低温交替催芽的方法。

表1-5 部分树种种子低温层积所需时间

树　种	所需时间(月)	树　种	所需时间(月)
油松、落叶松	1	核桃楸	5
黄檗、女贞、榉树	2	榛、黄栌	4
侧柏、樟子松、云杉、冷杉	1~2	椴树	5(变温)
白蜡、复叶槭、山桃、山杏	2.5~3	水曲柳	6(变温)
山荆子、海棠、花椒、银杏	2~3	红松	6~7(变温)

二、整地

1. 整地的作用

通过整地，翻动耕作层的土壤，促进深层土壤的熟化，恢复和创造土壤的团粒结构；通过整地使土壤的理化性质发生一系列的变化，加强土壤的通气性、透水性，提高土壤蓄水保墒及抗旱能力；整地后，土壤充分接触空气，可以氧化一些对苗木根系有害的还原性物质；土壤通气性提高后，加强了土壤中微生物的活动能力，能相应提高土壤肥力；整地能减少杂草和病虫害的危害，为播种、扦插等育苗工作创造条件。

2. 高床

高床指床面高于步道15~20cm的育苗床。一般床面宽100cm，步道宽40cm。低洼积水、土壤黏重、不耐水湿的苗木多采用高床播种。

3. 低床

低床指床面与地面持平，低于步道15~20cm的育苗床。适用于气候干旱、水源不足的地方。低床有利于保蓄土壤水分，便于灌溉。

【技能训练】

一、种子准备

(一)种实(子)采集与调制

1. 采集时期

形态成熟后。

2. 采集方法

地面采收。

圆柏种子于11~12月成熟，成熟后球果脱落在地上，可于地上收集。

3. 种实的调制

脱粒：采用球果类种子脱粒方法进行脱粒。

净种：采用水选的方法。

(1)所需物品

种子盆、笊篱。

(2)内容及步骤

① 将脱粒后的圆柏种子放入盛有水的种子盆中，充分搅拌。

② 2min后用笊篱将漂浮于水面的杂质捞出。

③ 用笊篱沿顺时针或逆时针方向搅动水面，并将圆柏种子漂出，即可得到较干净的种子(图1-16)。

图1-16　圆柏种子

(二)种子品质检验

对圆柏种子进行种子纯(净)度、千粒重、含水量、发芽势、发芽率的测定。

(三)种子消毒

1. 所需用品

天平、1000mL烧杯、种子盆、待消毒圆柏种子、搅拌棒、硫酸铜或高锰酸钾晶体、取药匙等。

2. 内容及步骤

(1)根据种子的量确定1%硫酸铜或3%、0.5%高锰酸钾溶液的用量。

$$W_1 = P \times W_2$$

式中　W_1——硫酸铜或高锰酸钾晶体的质量；

P——溶液的浓度；

W_2——溶液的质量。

（2）用天平称取的 W_1 导入大烧杯中。

（3）加入适量的水将硫酸铜或高锰酸钾晶体溶解。

（4）将溶解后的硫酸铜或高锰酸钾溶液倒入种子盆中，加水稀释至 W_2。

（5）将待消毒的圆柏种子倒入种子盆中，并充分搅拌，使种子全部浸泡在消毒液中。

（6）静置消毒。硫酸铜浸种4~6h；0.5%高锰酸钾浸种2h或3%高锰酸钾浸种30min。

（7）到达消毒时间后将种子捞出，清水冲洗后晒干备用。

3. 注意事项

（1）消毒药液浓度配比要准确，用量以浸没种子为宜。

（2）在进行种子检测过程中，穿工作服，戴工作帽、手套、口罩。切忌用手直接接触药液。如不慎粘在手上或进入眼睛、口中，要迅速用水清洗，严重者应就医。

（3）在种子消毒过程中，爱护仪器，轻拿轻放，避免损坏。

（4）工作结束后及时填写工作日志（见附表1）。

（四）种子催芽（层积催芽）

1. 所需用品

沙子、铁锹、稻草、手推车等。

2. 内容及步骤

（1）在背风向阳的地方挖一个1.5m×1.5m、深1m的坑，作为沙藏坑。

（2）在坑的底部铺一层20~30cm厚的湿沙。

（3）在湿沙上铺一层圆柏种子，再铺一层10cm厚的湿沙。这样交替铺放，直到种子全部铺完。在铺种、沙的同时，将稻草捆草把竖直放入坑的中央，随种、沙一起埋入。

（4）最后在坑的最上端再铺一层厚沙后盖上土壤（图1-17）。

（5）经常检查沙子湿度。若湿度降低应适当加水。

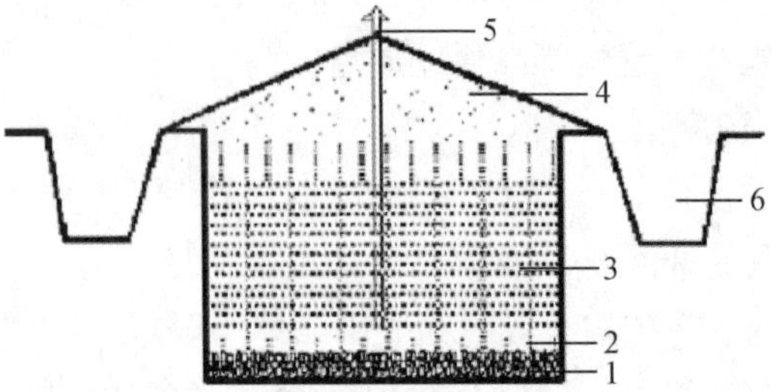

图 1-17　层积催芽法(苏金乐，2003)

1. 卵石　2. 沙子　3. 种、沙混合物

4. 覆土　5. 通气竹管　6. 排水沟

3. 注意事项

(1) 沙子不能过干或过湿，以 60% 为宜。

(2) 草把不能过细或过粗，以 10cm 粗为宜。

(3) 工作结束后收拾工具并及时填写工作日志。

二、播种地准备

按照《城市园林苗圃育苗技术规程》(CJ/T 23—1999) 中对整地作床的规程、规范作床。

(一) 整地

对播种地进行翻耕、平整等整理。

(二) 做床

因圆柏为中粒种子，故按中粒种子播种的要求作低床。

1. 所需用品

尖锹、平锹、平耙、皮尺、线绳、白灰粉、木桩、手套等。

2. 内容及步骤

(1) 播种地整平

用平锹及平耙将播种地整平。

(2) 定桩画线

① 用皮尺在播种地的一边量取长 10m、宽 1.3m 的长方形 (视播种量的多少及地块的条件，可适当调整长度)，并在四角钉木桩。

② 在两根木桩之间拉线绳，并绷紧。

③ 用白灰粉沿线绳在地面上撒出一条清晰的白线（或在地面上用工具画一清晰的痕迹）（图 1-18）。

（3）做畦埂（步道）

自白线两侧用尖锹铲土堆在白线上，随堆随踩，堆成高为 20cm 的土埂即可（图 1-19）。

① 铲顶：用平锹沿土埂的顶端，将顶端铲平。

② 修边：用平锹沿土埂的两侧各呈 60° 角将两侧铲平并拍实（图 1-20）。

（4）翻松整平

在做好的床芯内将土壤翻松整平。

3. 注意事项

（1）播种地一定要整平，否则床面的高度不一致，出苗后造成浇水不均匀。

（2）木桩要钉牢，线绳必须绷紧。

（3）土埂一定要踩实，防止浇水时坍塌。

（4）操作时注意安全。

（5）工作结束后擦拭工具并及时填写工作日志（见附表 1）。

图 1-18　划　线

图 1-19　培　埂

图 1-20　修埂边

操作技巧：

培埂时，不要一次成型。要先在两条白线之间铲一浅沟，并左右培土。铲完后观察畦埂是否通直，如通直再行培土，一人培土，一人踩实，直到达到畦埂高度为止。如不通直，要加以修正，修直后再行培土。

环节二：播种及播种后管理

【理论知识】

一、播种

条播：在播种床内按一定的行距开播种沟，在播种沟内进行播种的方法。沟的宽度一般为10～15cm。

镇压：为了使种子与土壤紧密接触，使种子能顺利从土壤中吸取水分，在干旱地区或土壤疏松、土壤水分不足的情况下，覆土后要进行镇压。但对于较黏的土壤不宜镇压，以防土壤板结，不利幼苗出土。对于不黏而较湿的土壤，需待其表土稍干后进行镇压。

二、播种后管理

秋季播种后在播种床表面覆盖防寒物，以利于防寒。常用覆土、蒲包片等。

【技能训练】

按照《城市园林苗圃育苗技术规程》(CJ/T 23—1999)中对播种的技术要求进行圆柏播种和管理。

一、播种

播种工序：包括开沟、撒种、覆土、镇压等环节。人工播种分别按顺序进行，机械播种则一次完成。

播种方法：条播。

1. 所需用品

开沟器、平耙、皮尺、线绳、木桩、圆柏种子等。

2. 内容及步骤

(1)定桩画线

在做好的床面上靠近中心部位确定间距40cm的2～3条播种沟。在播种床的两端钉上木桩，并画线(图1-21)。

(2)开沟

用开沟器沿线绳开出深2cm，宽10～15cm的2条播种沟(图1-22)。

(3)撒种

将圆柏种子均匀地撒在播种沟内(图1-23)。

(4)覆土

用平耙将播种沟边的土壤填入播种沟内。

(5)镇压

用铁锹沿播种沟的方向将土壤拍实或用脚踩实。

图 1-21　定桩画线

图 1-22　开　沟

图 1-23　撒　种

二、播种后管理

土壤上冻前用蒲包片或其他覆盖物将床芯覆盖，上覆一层薄土，并灌冻水。第二年春季结合扒土浇春水。

三、注意事项

(1)播种沟一定要直。
(2)种子一定要撒入播种沟内。
(3)冻水一定要浇透。
(4)工作结束后擦拭工具并及时填写工作日志(见附表1)。

操作技巧：

1. 用平耙覆土时应将钉尖朝上使用。
2. 使用开沟器开沟时，应沿线绳方向，倒退行走。

环节三：幼苗及小苗管理

圆柏幼苗期要精细管理。其主要内容包括浇水、除草、病虫害防治、越冬防寒、间苗和补苗、苗木移植等。

【理论知识】

一、幼苗管理

1. 间苗

间苗指按照一定的株距留取健壮的幼苗。

2. 补苗

将间下来的壮苗补种在缺苗的地段，以保证产苗量。

二、小苗管理

1. 土球移植

土球移植即将苗木从原育苗地移到另一个育苗地栽植的过程中不将根部土壤打掉，带有土球的移植方法。

2. 定栽植点

定栽植点指按照一定的株行距在移植用地内定点，并用白灰散点。这是保证苗木栽植后，整齐划一、美观的前提。

【技能训练】

一、间苗和补苗

1. 所需用品

铁锹、花铲等。

2. 内容及步骤

(1)间苗。当苗高2cm时进行第一次间苗，间苗后培土，土厚0.5~1cm。当苗高3cm时进行第二次间苗，株距为15cm。

(2)补苗。第二次间苗的同时，将间下来的壮苗补种在缺苗的地段，以保证产苗量。

(3)间苗后应及时浇水，并结合浇水追肥2~3次。

3. 注意事项

(1)间苗时尽量留壮去弱。

(2)补苗时应随间随补。

(3)工作结束后擦拭工具并及时填写工作日志(见附表1)。

二、苗木移植

用作绿篱苗的圆柏要求树冠丰满，根系发达，因此应进行移植。

移植方法：土球移植；

移植时间：圆柏苗移植一般在春季进行，也可在雨季进行移植；

株、行距：0.5m×0.8m。

1. 所需用品

铁锹、剪枝剪、手推车、手套等。

2. 内容及步骤

(1)定栽植点

为保证苗木栽植后整齐划一，按照株行距0.5m×0.8m在移植用地内定点。

(2)挖坑

按比根幅大20cm规格挖坑，要求坑壁上下垂直。挖坑时将土放在一侧。

(3)起苗

起苗的土球规格为土球直径30cm。

(4)栽苗

① 将苗木放入树坑中心，扶直。

② 用铁锹将树坑周围的土壤填入坑中，做到“三埋两踩”。

(5)浇水与扶直

① 苗木栽好后立即浇第一遍水，水量不要太大，其作用是让根系周围的土壤向下沉。

② 浇第一遍水的1d后，检查苗木情况，出现歪倒现象应进行扶直；若根部周围出现下沉或坑洼现象应及时填平并踩实。

③ 第一遍水浇后3~4d浇第二遍水，一周后浇第三遍水，这两遍水要浇透。

3. 注意事项

(1)挖坑的坑壁一定要垂直，坑的大小要一致。

(2)起苗时不可晃动树苗，以免发生散球。

(3)栽植时不能深栽。

(4)操作时注意安全。

(5)工作结束后擦拭工具并及时填写工作日志(见附表1)。

操作技巧：

1. 在苗木扶直时，应将倒歪的苗木扶正后，在歪倒一侧的根部埋土踩实。不必挖出重栽。

2. 当苗床内的水下渗速度变慢，并且在地面出现积水时即为灌满。

环节四：绿篱苗出圃

【理论知识】

苗木达到出圃规格后，从育苗地取出，定植于绿地，用于城市绿化的过程即为苗木出圃。苗木出圃主要包括苗木出圃前调查、苗木分级、起苗、包装与运输等工作内容。

一、绿篱的分类

矮篱高度在0.6m以下，中篱，高0.6~1.2m；高篱，高1.2~1.6m；绿墙，高1.6m以上。根据绿篱的高度要求选用不同高度的绿篱苗。

二、绿篱苗出圃规格

苗木树势旺盛，全株成丛，基部枝叶丰满，冠丛直径不小于20cm，苗木高度在50cm以上为最低出圃规格。在此基础上每增加20cm，即提高一个规格级别。

三、出圃前调查

为把握苗木的生长状况，做好出圃工作和翌年的生产计划，应对在圃苗进行调查。调查的方法有标准地、标准行调查法和准确调查法。本环节学习标准行调查法。

标准行调查法是在要调查的苗木生产区中，每隔一定的行(或垄)数(规定是几的倍数)，选出一行或一垄作标准行(或垄)，把全部标准行(或垄)选定后，再选出一定长度的有代表性的地段，在选定地段上测量苗高、地径、冠幅，并计算调查地段的总长度，以及此地段上的株数，以推算出每公顷(或每亩)的产苗量和规格，进而推算出全生产区的产苗量和规格。用这一方法调查，必须是株行距相同，产量较多的苗木。

【技能训练】

按照《城市园林苗圃育苗技术规程》(CJ/T 23—1999)中对绿篱苗出圃的规程、规范要求进行圆柏绿篱苗的出圃。

一、出圃前调查

调查时间：一般在秋季植树后进行调查，做第二年的出圃计划和生产计划。

调查方法：标准行调查法。

1. 所需用品

测高器、记录表、铅笔等。

2. 内容及步骤

(1)调查内容

①用测高器测量苗木的高度并记录在调查表中(表1-6)。

表 1-6　苗木调查统计表　　　　年　月　日

生产区	类别	树种	苗龄	质量			冠幅	株数	备注
				面积	高度	地径(胸径)			

②用皮尺或合尺测量冠幅并记录在调查表中。

(2)注意事项

①高度测量，要准确。

②调查结束后，及时计算数据，核定无误后交与有关部门。

③工作结束后收拾工具并存放到指定地点。

④及时填写工作日志(见附表1)。

操作技巧：

测量苗木高度时，可将软尺绑缚在较长的竹竿上作为测高器使用，但要注意安全。

二、起苗与包装

起苗方法：土球起苗。

包装材料：蒲包或无纺布。

1. 所需用品

铁锹、剪枝剪、蒲包或无纺布、草绳。

2. 内容及步骤

(1)去浮土

将圆柏苗根部的浮土去掉。

(2)挖球

以圆柏为中心，以30~40 cm为直径，向下挖30cm。

①铲断主根后为防止散球，将土球慢慢提起，放入蒲包中(或无纺布中央)。

②用草绳将蒲包口(或将无纺布兜紧后)扎紧。

3. 注意事项

(1)土球起苗过程中禁止晃动树干，以免散球。

(2)土球出坑时不能用力向下墩。

(3)工作结束后收拾工具并及时填写工作日志(见附表1)。

小贴士

《城市园林苗圃育苗技术规程》(CJ/T 23—1999)是进行苗木繁育的标准和依据。本单元涉及的内容为繁育播种苗的部分内容。

思考与讨论

1. 整地作床的过程是什么?
2. 什么是条播? 条播适用于哪些种子?
3. 如何保证移植后苗木的整齐及美观?
4. 如何保证移植的成活率?

项目二　春季繁育播种苗

春季是主要的播种季节，在大多数地区，大多数树种都可以在春季播种，一般在土地解冻后至树木发芽前进行播种。播种时间宜早不宜迟，适当早播的幼苗抗性强，生长期长，病虫害少；松类、海棠等尤应早播。春播要注意防止晚霜危害，对晚霜比较敏感的树种如刺槐、臭椿等不宜过早播种，应使幼苗在晚霜完全结束后才出土，以避免晚霜危害。

春播具有从播种到出苗时间短，管理用工少，鸟、兽、虫等对种子的伤害轻等优点。春播还具有气温适宜，土壤不板结，利于种子萌发、出苗、生长等好处。春播幼苗出土后，气温逐渐增高，可避免低温和霜冻的危害。

春播的时间，因各地的气候条件而异，应根据树种和土壤条件适当安排播种顺序。一般针叶树种或未经催芽处理的种子应先播，阔叶树种或经过催芽处理的种子后播；地势高燥、干旱处先播，低湿处后播。

本项目的侧重点为荚果类和肉质果类种子干燥、土壤消毒、水浸催芽、混沙催芽、病虫害防治、苗木修剪、裸根及素土移栽、苗木出圃等。

任务一　繁育槐树苗

槐树耐寒、耐旱、寿命长，是良好的行道树和庭荫树，同时也是龙爪槐嫁接繁殖的砧木(图 1-24)。生产上常用播种繁殖的方法繁育槐树苗木。

【任务描述】

北京市某苗圃为嫁接龙爪槐，现准备繁育一部分槐树树苗作为砧木用苗，苗木要求生长健壮，无病虫害，胸径为 4～5cm。苗圃技术员根据繁育过程和要求制订了繁育计划，需技术工人根据计划实施繁育。

【任务目标】

(1)了解槐树繁育过程中种子准备、育苗地准备、播种小苗管理、日志记录的理论知识。

(2)按照计划书的内容初步学会槐树种子品质检测、种子消毒、整地作床、播种及小苗管理等技能。

(3)初步学会繁育槐树播种苗的过程。

图 1-24 槐 树

【任务流程】

育苗前准备工作 → 播种及播种后管理 → 幼苗及小苗管理 → 大苗管理 → 苗木出圃

环节一：育苗前准备工作

【理论知识】

一、种子准备

1. 荚果类果实脱粒

荚果类种子的含水量一般都较低，种皮保护力强，一般可以暴晒脱粒，如刺槐、槐树、合欢、锦鸡儿、紫荆、紫藤等。对于少数荚果种子，也可以不进行脱粒，如紫穗槐、胡枝子等。

2. 种子干燥

种子干燥是去除种子多余含水量的过程。一般可分为晾晒、阴干两种方法。干燥的标准为安全含水量。安全含水量是维持种子生命活动需要的最低含水量，也称标准含水量(表 1-7)。

晾晒法：在日光下晒干。适用于安全含水量较低，种皮坚硬，经过日晒不会降低发芽力的种子，可以用晒法晒干。

阴干法：在避光的场所晾干。适用于以下类型的种子：种粒小、种皮薄、成熟后新陈代谢作用旺盛的种子，如杨、柳、榆、桑、桦、杜仲等；种子标准含水量高于气干含水量，如用晾晒法容易丧失生命力的种子，如栎类、板栗等；含有挥发性油质的种子，如花椒等；凡经过水选及由肉质果中取出的种子，均不能日

表 1-7　部分种子的安全含水量　%

树　种	安全含水量	树　种	安全含水量	树　种	安全含水量
杉　木	10~12	白　榆	7~8	椴　树	10~12
臭　椿	9	马尾松	7~10	皂　角	5~6
白　蜡	9~13	云南松	9~10	刺　槐	7~8
元宝枫	9~11	杜　仲	13~14	复叶槭	10
侧　柏	8~11	杨	5~6	麻　栎	30~40

晒，只能阴干。

3. 种子催芽

水浸催芽是将种子在水中浸泡进行催芽的方法。浸种的目的是促使种皮变软，种子吸水膨胀，有利于种子发芽，这种方法适用于大多数树种的种子。浸种法又分为热水浸种(水温在70℃以上)、温水浸种(水温35~60℃)和冷水浸种(水温0~30℃)(表1-8)。

表 1-8　常见树种浸种水温和时间

树　种	初始水温(℃)	浸种时间(d)
杨、柳、泡桐、榆、梓树	冷水	0.5
悬铃木、桑、臭椿	约30	1
油松、落叶松、樟树	约35	1
杉木、侧柏、马尾松、文冠果、柏木、柳杉	40~45	1~2
槐树、苦楝、君迁子	60~70	1~3
刺槐、合欢、紫穗槐	80~90	1

(1)热水浸种

一般采用70~80℃的热水浸种。浸种时，先将种子倒入容器内，边倒热水边搅拌，至水冷却至室温为止，浸泡24h。

(2)温水浸种

一般水温40~50℃，至水冷却至室温为止，浸种时间为24h，然后捞出摊放在席上，上盖湿草帘或湿麻袋，经常浇水翻动，待种子有裂口后播种。

(3)冷水浸种

杨、柳、泡桐、榆等小粒种子，由于种皮薄，一般用冷水浸种。

二、整地

土壤消毒是为了使种子能够正常发芽，以及发芽后免受地下害虫和病害的危

表 1-9　常用土壤消毒的药剂及用法

药剂	用法及用量($/m^2$)	防治对象
五氯硝基苯	75% 五氯硝基苯 4kg、代森锌 5kg 混合后与 12kg 细土拌匀撒入播种地	立枯病、炭疽病、猝倒病、菌核病
福尔马林	50mL 加 10kg 水喷洒地表，用草袋或薄膜覆盖，闷 10d 左右，去掉覆盖物，挥发 2d 即可播种	立枯病、炭疽病、褐斑病、角斑病
波尔多液	(硫酸铜、石灰、水按 1∶1∶100 的比例)2. 5kg 喷洒土壤	黑斑病、斑点病、灰霉病、锈病、褐斑病、炭疽病
多菌灵	50% 多菌灵可湿性粉剂 1. 5kg 拌土	根腐病、茎腐病、叶枯病、灰斑病
硫酸亚铁	3% 硫酸亚铁 0. 5kg	防治苗期苗枯病，桃、梅缩叶病、缺铁症状
代森铵	50% 水溶代森铵 350 倍液 3kg	黑斑病、霜霉病、白粉病、立枯病、球根类花卉多种病害

害，保证正常的产苗量和苗木健康，通过喷洒化学药剂来消灭土壤中的病原菌以及地下害虫的过程(表 1-9)。

【技能训练】

一、种子准备

(一)种实(子)采集

采集的时期：形态成熟后。

采集方法：树上采收。槐树种子于 10 月成熟，成熟后荚果宿存在树上不脱落，可于落叶后用采种钩采收。

(二)种实的调制

按照《种子法》要求对槐树的种子进行调制。

1. 脱粒

采用荚果类种子脱粒方法进行脱粒。

2. 净种

采用风选和水选相结合的方法。

(1)所需物品

种子盆、笊篱。

(2) 内容及步骤

① 将脱粒后的种子用簸箕将树叶、果皮、果梗等较轻的杂质簸出。

② 将簸后的种子放入盛有水的种子盆中，充分搅拌。2min 后用笊篱将漂浮于水面的杂质捞出。

③ 用笊篱沿顺时针或逆时针方向搅动水面，并将槐树种子漂出，即可得到较干净的槐树种子(图 1-25)。

图 1-25　槐树种子

3. 干燥

将水选的种子置于背阴处阴干，待种子干燥即可。

(三)种子催芽

按照《城市园林苗圃育苗技术规程》(CJ/T 23—1999)中对种子催芽的要求进行槐树种子催芽。采用水浸催芽的方法。

1. 所需用品

种子盆、搅拌器、温度计、手套、水壶、待催芽的槐树种子等。

2. 内容及步骤

(1)将槐树种子倒入种子盆内。

(2)待水壶的水烧至 70℃左右时，将水倒入装有槐树种子的盆中。

(3) 边加水边搅拌，使种子受热均匀。

(4) 待热水全部没过种子后，静置在室内使其自然冷却 72h。

(5)将种子取出即可播种。

3. 注意事项

(1)水温不能低于 70℃。

(2)操作时注意安全，避免烫伤。

(3)工作结束后擦拭工具并及时填写工作日志(见附表 1)。

二、播种地准备

按照《城市园林苗圃育苗技术规程》(CJ/T 23—1999)中整地的规程、规范进行播种地的准备。

(一)土壤消毒

采用化学药剂消毒方法。

1. 所需用品

橡胶手套、天平、水桶、搅拌棒、喷雾器、硫酸亚铁、辛硫磷等。

2. 内容及步骤

(1)确定硫酸亚铁药液浓度为2%~3%。药液施用量为$0.3 \sim 0.5kg/m^2$。

(2)根据播种地的面积计算出硫酸亚铁药液的用量。

硫酸亚铁药液用量=播种地面积×$0.3 \sim 0.5kg/m^2$

(3)根据公式计算出硫酸亚铁晶体和水的用量。

硫酸亚铁晶体用量=硫酸亚铁药液用量×3%

水的用量=硫酸亚铁药液用量-硫酸亚铁晶体用量

(4)用天平称取硫酸亚铁晶体的质量，并倒入水桶中(如药液用量多可采用更大的容器或分几次进行勾兑)。

(5)将水加入水桶中，边加水边搅拌。

(6)将药液装入喷雾器中，并对播种地进行喷洒，进行消毒。

3. 注意事项

(1)硫酸亚铁晶体的用量必须经过计算，称量准确。

(2)勾兑药液时必须戴好手套及其他防护用品。

(3)喷药最好结合翻地进行。

(4)作业结束后填写工作日志(见附表1)。

(二)作高床

因槐树幼苗不耐涝，要求作高床。

1. 所需用品

尖锹、平锹、平耙、皮尺、线绳、白灰粉、木桩、手套等。

2. 内容及步骤

(1)播种地整平

用平锹及平耙将播种地整平。

(2)定桩画线

① 用皮尺在播种地的一边量取长10m、宽1.3m的长方形，并在四角钉木桩。

② 在两根木桩之间拉上线绳，并绷紧。

③ 用白灰粉沿线绳在地面上撒出一条清晰的白线。

④ 堆床芯：自白线两侧用尖锹铲土堆在白线内，随堆随踩，床芯堆成高15~20cm(图1-26)。

⑤ 在做好的床芯内将土壤翻松整平(图1-27)。

图 1-26　堆高床芯

图 1-27　翻松床芯土壤

3. 注意事项

(1) 木桩要钉牢，线绳必须绷紧。

(2) 操作时注意安全。

(3) 工作结束后擦拭工具并及时填写工作日志(见附表 1)。

操作技巧：

培床芯时，不要一次成型。要边培土，边整平。床的四周一定要拍实，以免坍塌。

环节二：播种及播种后管理

参照圆柏播种及播种后管理内容。

环节三：幼苗及小苗管理

【理论知识】

育苗地常见的地下虫害有：蛴螬、蝼蛄、地老虎等。

育苗地常见的地上虫害有：槐尺蠖、杨天社蛾、刺蛾、蚜虫、红蜘蛛、介壳虫、金龟子、绿色天蚕蛾、白杨透翅蛾、木蠹蛾等。

育苗地常见病害有：腐烂病、锈病、炭疽病、褐斑病、立枯病(猝倒病)等。

【技能训练】

病虫害防治

按照《城市园林苗圃育苗技术规程》(CJ/T 23—1999)中苗木管理的技术规程进行管理。

1. 所需用品

铁锹、喷雾器、农药、口罩、手套等。

2. 内容及步骤

(1)地下害虫防治

① 翻耕冻土：冬季结合翻耕，让土块冰冻风化，可杀死一部分地下害虫及其虫卵。

② 毒土灭虫：结合耕地、施基肥，用药剂施入土壤(如5%锌硫磷颗粒剂)。

③ 毒饵诱杀：春季用糖、醋、酒、水按6∶3∶1∶10的比例配成糖浆，加入1%敌敌畏，进行诱杀。

④人工捕捉：地老虎常躲藏于杂草或疏松表土下，每天清晨可在杂草下寻找捕杀；蛴螬危害苗木后，苗木茎叶常萎蔫，可将萎蔫苗根处土扒开捕杀；蝼蛄在土表常留有隧道，可用水灌的方法，迫使其爬出，然后捕杀。

(2)食叶害虫防治

① 槐尺蠖：可喷洒除虫脲悬浮剂或Bt乳剂等。

② 蚜虫：可喷洒吡虫啉或烟参碱。

③ 病害防治：立枯病(猝倒病)发病初期可喷施真菌性杀菌剂。

3. 注意事项

(1)农药配比要准确，以免损伤苗木。

(2)打药时要注意安全，做好防护工作。

(3)工作结束后擦拭工具并及时填写工作日志(见附表1)。

作业小窍门：

1. 防治虫害最好在傍晚打药，因大部分虫害是在夜间取食，因此防治效果较好。

2. 浇水时，当水浇到苗床高度3/4时即可。

环节四：大苗管理

【理论知识】

一、定干

定干即确定主干的的高度。作为行道树用苗主干高度应在2.8m以上，作为高接砧木的用苗定干高度应在2.0m以上。

二、整形修剪

槐树在苗期应培养好骨架，即三股六杈。

【技能训练】

定干、修剪

1. 所需用品

剪枝剪、手锯、手套等。

2. 内容及步骤

(1)定干

槐树可采用截干和养干的方法进行定干。

① 截干：春季在茎干距地面1m处抹梢。冬季在距地面2~5cm处截断。翌年春季发芽后及时摘叶抹芽。

② 养干：采用密植的方法对易发生树干弯曲的槐树控制侧枝的生长。

(2)修剪

槐树树干达到高度后即进行骨架的培养。

① 自分支点处留3个分布均匀的健壮枝条进行培养，其余枝条全部剪除。

② 翌年春季每个枝条留30cm进行短接，作为骨干枝培养，即为“三股”。抽生枝条后每个骨干枝留取2个生长健壮的枝条进行培养，其余全部剪除。

③ 第三年的春季再行短截，即为“六杈”。

3. 注意事项

(1)操作时注意安全。

(2)工作结束后擦拭工具并及时填写工作日志(见附表1)。

环节五：苗木出圃

【理论知识】

一、准确调查法

逐株点数，并抽样测量苗木的树高、地径(或胸径)、冠幅等，计算其平均值，以掌握苗木的数量和规格(质量)。有些苗圃还对准备出圃的苗木，进行逐株清点，并在每株树上做上规格标记，虽然工作量较大，但为出圃时的工作管理带来了方便。

二、裸根起苗

裸根起苗是将苗木从土壤中裸根挖出的过程。起苗质量对苗木成活影响很大，起苗质量差，甚至会使苗木成为废苗，造成损失。

三、苗木分级

按胸径的尺寸进行分级。大、中型乔木最低出圃胸径为3cm，每增加0.5~1cm增加一个规格级。

【技能训练】

苗木出圃按照《城市园林苗圃育苗技术规程》(CJ/T 23—1999)中大苗出圃的规程、规范进行槐树苗木的出圃。

一、出圃前的调查

1. 调查方法

准确调查法。

2. 调查时间

一般在秋季植树结束后进行调查，做第二年的出圃计划和生产计划。

3. 所需用品

胸径围尺、测高器、记录表、铅笔等。

4. 内容及步骤

(1)用胸径围尺测量苗木的胸径并记录在统计表中(表1-10)。

(2)用测高器测量冠幅并记录在统计表中(表1-10)。

5. 注意事项

(1)测量胸径时，一定量准确。

(2)调查结束后，及时计算数据，核定无误后交与有关部门。

(3)工作结束后收拾工具并存放到指定地点。

(4)及时填写工作日志(见附表1)。

表1-10 苗木调查统计表 年 月 日

生产区	类别	树种	苗龄	质量			冠幅	株数	备注
				面积	高度	胸径			

二、起苗与分级

(一)起苗

1. 起苗时期

春季。

2. 起苗方法

裸根起苗。

3. 起苗规范

根幅的大小为胸径的 8～10 倍，深度为根幅的 3/4～ 4/5，尽量多地保留须根。

4. 所需用品

铁锹、剪枝剪、镐、手套等。

5. 内容及步骤

（1）确定根幅

量取树木胸径的大小，再以 8～10 倍放大后以树干为中心在地面上画圆（图 1-28）。

（2）挖苗

①沿画好圆的边缘竖直向下挖到圆的直径 4/5 的深度后，将苗木放倒打掉土坨；遇到大根用锯锯断；对劈裂根进行创面修剪。

②挖出后，如不能及时运走，应用湿土将根系埋住，做临时性假植。

图 1-28　确定根幅

图 1-29　分级打捆

6. 注意事项

（1）为保证起苗质量，应注意苗的根系长度，应尽量保证根系的完整。

（2）应避免在大风天起苗。大风天起苗失水过多，不容易成活。

（3）如果土地过于干旱，应在起苗前数天灌水，使土壤湿润，以减少起苗时损伤根系，保证起苗质量。

（4）为提高栽植的成活率和质量，应随起、随包装、随运、随栽植、随灌水，当天不能出圃的，应进行假植或覆盖，以防水分蒸发。

（5）起苗工具应锋利，以保证起苗质量。

（6）操作时注意安全。

（7）工作结束后擦拭工具并及时填写工作日志（见附表 1）。

(二)苗木分级

(1)根据苗木胸径的大小进行分级。

(2)分级后打捆(图 1-29)。

操作技巧：

1. 裸根起苗时，铁锹必须锋利，便于将较细的根一次铲断。

2. 苗木分级时，先将废苗挑选出来，然后按照胸径的粗度再行挑选。

思考与讨论

1. 高床的规格是什么?
2. 高床适合哪种树种播种?
3. 槐树小苗易受哪些病虫害的危害？如何防治?
4. 槐树如何定干？如何培养骨架?

任务二　繁育水栒子苗

水栒子花果繁多而美丽，秋季红果累累，是极佳的春季观花、秋季观果的花灌木，也可作为苹果等蔷薇科果树的嫁接砧木(图 1-30)。

水栒子在生产上常用播种繁殖的方法繁殖苗木。

图 1-30　水栒子

【任务描述】

北京市某苗圃准备繁育若干水栒子树苗。苗木要求生长健壮，无病虫害。苗高为 1m。根据繁育任务，制订繁育计划。并根据繁育计划，进行水栒子播种苗的繁育。

【任务目标】

(1)了解水栒子播种苗繁育过程中种子准备、育苗地准备、播种小苗管理、日志记录的理论知识。

(2)能够制订繁育计划书，并按照计划书的内容学会水栒子种子品质检测、种子消毒、整地作床、播种及小苗管理等技能。

(3)初步学会繁育水栒子播种苗的过程。

【任务流程】

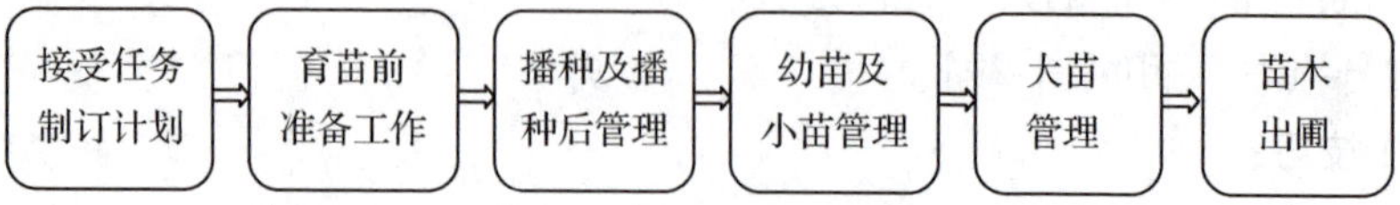

环节一：接受任务制订计划

【理论知识】

繁育计划是为完成育苗任务而制订的生产计划，包括树种名称、质量要求、繁育数量、播种量、播种方法、抚育管理措施、出圃的方法等。

【技能训练】

一、接受任务

和客户洽谈繁育苗木的任务，包括繁育树种的名称、繁育数量、繁育时限、繁育质量等。

二、制订繁育计划

繁育计划书

繁育2000株水栒子播种苗。

要求生长健壮，无病虫害，达到出圃要求。

3年。

张三。

1. 种子来源：自采。10月在优良的采种母树上采取成熟的水栒子种实。

2. 种实调制：用肉质果类种实调制的方法进行调制。

3. 播种量：根据间苗后留苗量50株/m^2及后期损耗的要求，播种面积为45m^2，播种量50g/m^2。

4. 水栒子种子在第一年11月播种，用0.5%~1%硫酸铜溶液浸种6~8h后，采用沙藏方法进行种子催芽。翌年3月种子催芽成功后采用低床条播方法进行播种。

5. 幼苗出现3~5片真叶时，进行初次间苗，保持60~70株/m^2，当幼苗出现6~7片真叶时定苗，保持在50株/m^2左右。小苗1年后进行移植。

6. 在苗木生长过程中及时进行抚育管理，其中每年浇水不少于6次，每年追肥2~3次，采用人工方法进行除草，用剪枝剪进行苗木修剪，在圃苗采用搭风障进行苗木防寒，发现病虫害及时防治。

7. 苗木达到出圃规格后，应进行苗木调查。本项目采用准确调查法进行调查。苗木出圃时采用裸根起苗方法起苗。

8. 完成任务所需的工具包括：铁锹、平耙、种子盆、剪枝剪、喷壶、喷雾器等。

9. 完成任务所需的材料包括：水栒子种子、素沙。

环节二：播种前准备

【理论知识】

一、种子知识

1. 肉质果类脱粒

肉质果类包括核果、浆果、聚合果等，因肉质果含有较多的果胶及糖类，容易腐烂，采集后必须及时处理，否则会降低种子的品质。

(1) 水浸法

对果肉松软的树种，可放在容器内，用木棒将果肉捣碎，加水浸泡数日，待果肉软化后，搅拌揉搓，使种子沉入容器底部，捞出浮于水面的果肉渣滓，再以水冲洗取得净种。

(2) 堆积法

对果肉较厚、较硬的大粒核果，可将果实堆积起来，喷水后盖上草帘等湿物，待果肉烂后与种子分开，去肉得净种。

(3) 碱水浸泡法

一些果实外部附有油脂或蜡质的树种，可用碱水浸泡后脱粒。

2. 种子分级

把同一批种子按种粒大小进行分类，称为分级。分级一般采用不同孔径的筛子筛选。分级后的种子分别播种，出苗整齐，便于管理。

3. 种子贮藏

目的是保证种子在贮藏期间内保持较高的发芽力和活力。多数园林树木的种子在秋冬季成熟，到翌年春季进行播种，因此采种后要进行贮藏。贮藏的方法有普通干藏法、低温干藏法、密封干藏法、湿藏法等。

4. 混沙催芽

将种子与湿沙按 1∶3 的比例混合进行催芽的方法。

二、土壤准备

播种前或苗木栽植之前对土壤施用有机肥，即施基肥。

【技能训练】

一、种子准备

(一)种实(子)采集

1. 采集的时期

形态成熟后。

2. 采集方法

树上采收。水栒子种子于9月成熟，成熟后肉质果在树上宿存一段时间，可于树上收集。

(二)种实的调制

1. 脱粒

采用肉质果类种子脱粒方法进行脱粒。

2. 净种

采用水选的方法得到水栒子种子(图1-31)。

3. 干燥

阴干。

4. 分级

按种粒大小分级。

(三)种子贮藏

采用低温贮藏法，将干燥的种子置于0~5℃、相对湿度50%~60%的贮藏室或种子库进行贮藏。

(四)种子催芽

采用混沙催芽法。

1. 所需用品

种子盆、搅拌器、温度计、手套、水壶、待催芽的水栒子种子等。

2. 内容及步骤

(1)将水栒子种子导入种子盆内，用0.5%~1%硫酸铜溶液浸种6~8h，捞出后用清水洗净。

(2)将3倍于种子体积的干净沙子倒入种子盆中加水搅拌，待沙子手握成团一触即散时即可。

(3)将混合均匀的种沙堆放在背风向阳处储存(图1-32)。

图 1-31　水栒子种子

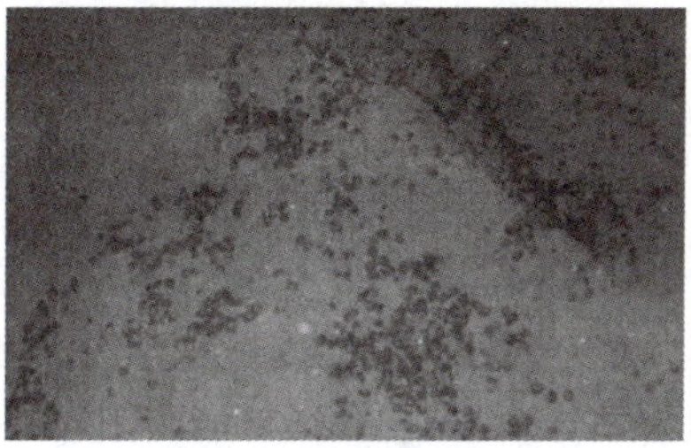

图 1-32　混沙储存

(4)经常翻动种沙，发现干燥立即加水。

(5)待水栒子种子有 1/3 咧嘴后即告成功，可行播种。

3. 注意事项

(1)种沙水分不能过多，易造成种子霉烂。

(2)工作结束后擦拭工具并及时填写工作日志(见附表 1)。

二、播种地准备

1. 土壤消毒

采用化学药剂消毒(参考槐树整地前的土壤消毒内容)。

2. 施基肥

整地做床前在播种地结合耕地施用有机肥。

3. 整地做床

作低床。

环节三：播种机播种及播种后管理

【理论知识】

播种后遮阴可以降低表土温度，减少土壤的蒸发强度，降低土壤水分的蒸发速度，从而保证种子的正常发芽。

【技能训练】

一、播种

(一)播种时间

春季。

(二)播种方法

低床条播。

(三)所需物品

种子盆、铁锹。

(四)内容及步骤

1. 开沟

用开沟器沿线绳开出深 2cm、宽 10~15cm 的 2 条播种沟(见图 1-22)。

2. 撒种

将圆柏种子均匀撒在播种沟内(见图 1-23)。

3. 覆土

用平耙将播种沟边的土壤填入播种沟内。

4. 镇压

用铁锹沿播种沟的方向将土壤拍实或用脚踩实。

二、播种后管理

(一)种子发芽前管理

1. 所需物品

苇帘(或遮阳网)、铁锹。

2. 内容及步骤

(1)播种后将苇帘搭在低床的畦埂上。

(2)用铁锹铲土,在畦埂上方将苇帘压牢,防止风将苇帘吹跑。

3. 注意事项

春季种子未发芽前除非遇到特别干旱的天气,一般不浇水。如果浇水,可用喷壶喷水。

(二)种子发芽后管理

1. 遮阴

种子在刚刚发芽长到 5cm 高前继续遮阴。

2. 浇水

浇水时避免大水漫灌,防止将幼苗冲倒,可采用喷灌的方法浇水。

3. 去除遮阴物

当种子发芽后小苗长到 3~5 片真叶时,即可将遮阴物去掉。

环节四：幼苗及小苗管理

【理论知识】

宿土移植是苗木移植时其根部带有护心土的移植方法。

【技能训练】

采用宿土移植的移植苗木。

一、移植时间

春季。

二、所需用品

铁锹、剪枝剪、手推车、手套等。

三、内容及步骤

1. 定种植点

按照 1m × 1m 的株行距在移植用地内定点。

2. 挖坑

按直径 50cm 规格挖坑，要求坑壁上下垂直。

3. 起苗

按根幅 30cm 直径起苗，起苗时将根部外围的土壤打掉，保留护心土。

4. 栽苗

(1) 将苗木放入树坑中心，扶直。

(2) 用铁锹将树坑周围的土壤填入坑中，做到“三埋、两踩、一提拉”。

(3) 浇水与扶直：栽后 10d 内连浇 3 遍水，第一遍水后扶直，填土。

四、注意事项

(1) 尽量多地保留护心土。

(2) 运苗时应用手推车运苗。

(3) 操作时注意安全。

(4) 工作结束后擦拭工具，及时填写工作日志(见附表 1)。

环节五：大苗管理

大苗管理包括灌溉和排水、施肥、移植、修剪、病虫害防治等内容。

【理论知识】

一、灌溉和排水

1. 灌溉

苗木移植时，切断了一部分毛细根系，使苗木吸水能力降低；移植时期为春季，气温回升迅速，土壤蒸发量加大，为保证苗木移植的成活率应及时补充水分。

2. 排水

雨季气温较高，苗木处于旺盛生长期，苗木根系呼吸旺盛。不及时排水，会造成根系呼吸困难，严重时造成烂根，致使苗木死亡。因此，雨季要及时排水。

二、根外追肥

根外追肥是将速效性肥料的水溶液直接喷洒在苗木叶片上，使肥分通过叶片气孔或叶面角质层逐渐渗入叶片内部，以供苗木之需。

1. 浓度

一般在0.2%~0.5%。

2. 喷洒时间

以早、晚大气湿润或阴天时为宜。

【技能训练】

一、灌溉和排水

水栒子大苗培育可采用渠灌的方法进行灌溉。根据季节和天气的情况来确定灌溉次数和灌溉量。北京地区一般一年中3、4、5、6、9、11月至少灌溉一次。

水栒子大苗培育采用排水沟排水。

(一)所需用品

铁锹、手套等。

(二)内容及步骤

1. 灌溉

(1)打开水源将水引到育苗地。

(2)用铁锹将毛渠的渠口打开，把水引入到苗木根部。

(3)水灌满后关闭水源。

2. 排水

在雨季或暴雨来临之前，及时检查和修复排水渠道，打开畦口进行排水。雨后及时修整苗床和排水沟渠，以利排水。

3. 注意事项

(1)工作注意力要集中，防止在浇水时发生跑水现象。

(2)在将要灌满水时，即可关闭水源。

(3)灌水后如发现有苗木倒伏现象应及时扶直。

(4)操作时注意安全。

(5)工作结束后擦拭工具，及时填写工作日志(见附表1)。

二、追肥

(一)根部追肥

1. 所需用品

计算器、尿素、肥料盆或桶、手套、秤等。

2. 内容及步骤

(1)计算苗木施用尿素的用量。单位用量15~20g/m^2。

$$W = P \times S$$

式中 W——育苗地施用尿素总量(g)；

P——单位面积施用尿素量(g/m^2)；

S——育苗地总面积(m^2)。

(2)用秤称取尿素的用量，置于肥料盆或桶中。

(3)将肥料均匀撒到苗木根部附近土壤表面。

(4)施肥后立即浇水，使肥料溶解渗入到土壤中，便于苗木吸收利用。

(二)根外追肥

1. 所需用品

磷酸二氢钾、大烧杯、手套、天平、喷雾器等。

2. 内容及步骤

(1)计算配置2kg 0.3%的磷酸二氢钾肥液所用磷酸二氢钾晶体及水的用量。

(2)用天平称取磷酸二氢钾晶体用量，倒入大烧杯中。

(3)向大烧杯中加入500mL水，将磷酸二氢钾晶体溶解。

(4)将溶解后的磷酸二氢钾溶液倒入喷雾器中，并加入剩余的水量充分摇匀，即可得到磷酸二氢钾肥液。

(5)将喷雾器喷头靠近叶片进行喷雾(图1-33)。

(三)注意事项

(1)计算和称取肥料一定要准确。

(2)施肥一定要均匀。

(3)施肥作业时一定要做好劳动保护。

(4)作业完成后要及时清洗工具。

(5)作业完成后及时填写工作日志(见附表1)。

图 1-33　根外追肥

操作技巧:

1. 对于一些不易在叶面上附着的肥料,可适当加入少量黏着剂,如中性洗衣粉、中性皂、面汤等,把肥料溶液调制成悬浊液再行喷洒。

2. 喷洒时要将叶片正面和背面都喷上肥料溶液,特别是阔叶树树苗,叶片背面吸收养分的能力比正面要大得多。

环节六:苗木出圃

【理论知识】

一、苗木分级

苗木分级又叫选苗,是按照苗木的质量标准,将苗木分成若干等级、合乎同一规格的为同一类苗。苗木等级反映苗木的质量,因此,为了便于苗木的包装运输和出售标准的统一,苗木分级工作应按苗木级别规格进行。

二、苗木假植

苗木假植是将苗木的根系用湿润的土壤进行临时性埋植。假植的目的主要是防止根部失水干燥,以保证苗木的质量。假植有临时性假植和长期性假植(也叫越冬假植)两种方法。临时性假植是起苗后当天或近几天不能立即栽植的苗木所采取的临时性措施。秋天起苗后,要通过假植越冬的称为长期性假植或越冬假植。

【技能训练】

一、出圃前调查

1. 调查方法

准确调查法。

2. 调查内容

按照苗木调查统计表中内容进行调查(表1-11)。

表 1-11　苗木调查统计表　　　　年　月　日

生产区	类别	树种	苗龄	质量			冠幅	株数	备注
				面积	高度	胸径			

二、起苗(挖苗)

1. 起苗时期

春季。

2. 起苗方法

裸根起苗，参照槐树裸根起苗内容。

三、苗木分级

按照苗高进行分级，任务要求出圃规格为 1m，高度每增加 20~30cm 提高一个规格。

四、苗木假植

1. 假植方法

临时性假植。

2. 所需用品

铁锹、手套等。

3. 内容及步骤

(1) 在育苗地的边缘挖一条深 30cm 的沟，作为假植沟。

(2) 将水栒子苗按顺序码放在假植沟内。

(3) 用湿润的土壤将水栒子的根部埋严(图 1-34)。

图 1-34　临时假植

图 1-35　越冬假植

4. 注意事项

(1)假植用地要选择排水良好、背风的地方。

(2)越冬假植，一定要做到深埋，单株排列，踩实。土壤要湿润(图 1-35)。

(3)在早春如苗木不能及时栽植，应遮阴、降温，推迟苗木的发芽日期。

操作技巧：

临时假植时如没有挖假植沟的条件，可在起苗后的树坑内进行就地假植。

思考与讨论

1. 荚果和肉质果的脱粒方法有何区别？
2. 净种的方法有哪几种？
3. 灌溉的作用是什么？
4. 什么是根外追肥？有哪些注意事项？
5. 什么是假植？有几种方法？

能力拓展

容器育苗

【理论知识】

容器育苗就是将培养土或培养基质装入特定容器内繁育苗木的方式。

一、容器育苗的特点

在一定容积的器皿内进行苗木的培育，因苗随根际土团(有时和容器一起)栽种，起苗和栽种过程中可使根系少受损伤，成活率高，生长旺盛，对于不耐移栽的树木尤为适用。

二、常用容器

单体容器在生产上单独使用，主要用作播种或育苗。常见的有：瓦盆、木桶、竹编容器、塑膜钵、塑料钵、纸钵、营养钵、聚丙烯材料及铅丝编织的容器等。

三、培养土

为了满足花卉，特别是盆栽花卉生长发育的需要，根据对土壤的不同要求，由人工专门配制的含有丰富养料，具有良好排水和通透(透气)性能，能保湿保肥、干燥时不龟裂、潮湿时不黏结、浇水后不结皮的土壤称为培养土。

【技能训练】

一、基质的配制

1. 材料与工具

营养土、蛭石、泥炭、珍珠岩、沙子、筛子、铁锹等。

2. 内容及步骤

(1)将营养土、泥炭过筛。

(2)将营养土、蛭石(图1-36)、沙子(图1-37)、泥炭(图1-38)、按5∶2∶2∶1的比例充分混合配制基质(图1-39)。

图1-36　蛭　石

图1-37　沙　子

图1-38　泥　炭

图1-39　配置好的基质

二、播种

1. 材料与工具

苗浅(或花盆)、铁锹、花铲、喷壶等。

2. 内容及步骤

(1)装土

将配制好的基制装入育苗浅(或花盆)。土距盆沿2~3cm，将土面刮平。

(2) 浇水

为保证种子的正常萌发和较高的出苗率，用喷壶将盆内的土壤浇透水；或将育苗浅(或花盆)浸在水池中，由下面的盆孔向内洇水。

(3) 播种

将种子播在育苗浅(或花盆内)的土壤内。若种粒较大可采用点播的方法；若种粒较小可采用撒播的方法。

(4) 覆土

将种子用晒过的营养土覆盖，厚度为种子直径的2~3倍。

三、抚育管理

包括浇水、移植、防寒、除草、病虫害防治、整形修剪、施肥等内容。

四、装盆

将培育好的苗木装在特定的容器中。如木桶、缸盆、控根容器等。

五、摆放

将已上盆的苗木按照便于管理、美观的原则进行摆放(图1-40、图1-41)。

图1-40 育苗摆放

图1-41 成苗摆放

单元小结

- 繁育播种苗
  - 制订繁育计划
    - 任务名称、质量要求、完成时间、任务负责人、技术保障
  - 育苗准备
    - 种子准备
      - 种子采集：采集时间、采集方法
      - 种子调制：脱粒、净种、干燥、分级
      - 种子品质检验：纯净度、发芽率、含水量、生活力、千粒重
      - 种子催芽：层积催芽、混沙催芽、水浸催芽、变温催芽
    - 育苗地准备
      - 整　地：土壤清理、翻耕、整平
      - 作育苗床：高床、低床
      - 作育苗垄：高垄、低垄
  - 播种及播种后管理
    - 播　种
      - 播种时间：春季、秋季
      - 播种方法：点播、条播、撒播
      - 播种过程：开沟（穴）、撒种、覆土、镇压
    - 播种后管理
      - 种子发芽前：遮阴、覆盖、浇水
      - 种子发芽后及幼苗管理：遮阴、间苗、补苗、移栽、浇水、施肥、病虫害防治、防寒
  - 大苗管理
    - 灌溉和排水、施肥、移植、整形修剪、病虫害防治
  - 苗木出圃
    - 出圃前调查：准确调查法、标准行调查法、标准地调查法
    - 起　苗：裸根起苗、土球起苗
    - 苗木包装与运输：种子发芽前

全部记入育苗档案

单元练习与考核

单元练习

1. 名词解释

播种繁殖，种子的形态成熟，脱粒，分级，种子发芽率，种子生活力，种子催芽，种子消毒，大粒种子，中小粒种子。

2. 填空题

(1)种子成熟分为________、________两个过程，采种一般在________期进行。

(2)种子调制的内容包括________、________、________、________。

(3)种子干燥的方法有________、________。

(4)选种(净种)的方法一般包括________、________、________、________。

(5)种子催芽的方法有________、________、________、________、________、________、________。

(6)作床的方式有________、________。

(7)播种的方法有________、________、________。

(8)播种繁殖的内容包括________、________、________、________、________。

3. 选择题

(1)种子采集应在(　　)进行。

A. 生理成熟期　　B. 形态成熟期

C. 生理后熟期　　D. 任何时期都可以

(2)水浸催芽中的热水浸种水温为(　　)。

A. 20~30℃　　B. 40~60℃　　C. 60~70℃　　D. 80℃以上

(3)播种后覆土的厚度一般为种子直径的(　　)。

A. 1~2倍　　B. 2~3倍　　C. 4~5倍　　D. 5倍以上

(4)混沙催芽沙子要求湿度是(　　)。

A. 30%　　B. 40%　　C. 50%　　D. 60%

(5)苗床育苗前的(　　)进行作床。

A. 1~2周　　B. 3~4周　　C. 两个月　　D. 秋季

(6)种子催芽后有(　　)咧嘴即可播种。

A. 1/2　　B. 1/3　　C. 1/4　　D. 1/5

(7)种子消毒应在(　　)进行。

A. 催芽前　　B. 催芽后　　C. 催芽中　　D. 任何时间

(8)育苗地最好的土壤质地是(　　)。

A. 砂土　　B. 黏土　　C. 壤土　　D. 沙砾土

(9)育苗地最佳土壤 pH 值是(　　)。

A. 5~10　　B. 6~8　　C. 4~9　　D. 7~9

4. 思考题

(1)播种繁殖有何特点?

(2)采种的原则是什么?

(3)果实的种类有哪些?不同果实如何进行脱粒?

(4)为什么进行种子消毒?有哪几种药剂和方法?

(5)为什么进行种子催芽?有哪几种方法?

(6)适合于春、秋两季播种的植物种类有哪些?为什么?

(7)播种的方法有哪些?都适用于哪些种子?

(8)播种的工序是什么?

技能考核

一、考核评分表

播种过程考核评分表

分值	工具使用(15 分)	整地(20 分)	作床画线(20 分)	播种(20 分)	覆土(15 分)	安全操作(10 分)
得分						
总分						

二、考核内容及评分标准

(一)条播播种过程的考核内容及标准

1. 工具使用(15 分)

(1)够熟练使用播种工作中的工具。如铁锹、平耙、开沟器等。(13~15 分)

(2)能够较熟练使用播种工作中的工具。如铁锹、平耙、开沟器等。(10~12分)

(3)能够使用播种工作中的工具，但不熟练。如铁锹、平耙、开沟器等。(7~9分)

(4)不会使用播种工作中的工具。如铁锹、平耙、开沟器等。(6分以下)

2. 整地(20分)

(1)翻地过程熟练，能在规定的时间内完成，翻地深度符合要求，土地平整度符合要求。(15~20分)

(2)翻地过程较熟练，能在规定的时间内完成，翻地深度符合要求，土地平整度符合要求。(12~14分)

(3)翻地过程较熟练，能在规定的时间内完成，翻地深度符合要求，土地平整度基本符合要求。(9~11分)

(4)翻地过程不熟练，不能在规定的时间内完成，翻地深度不符合要求，土地平整度不符合要求。(8分以下)

3. 作床(25分)

(1)畦埂通直，高度均等，床面宽度均等，床面平整细致，无杂物。(20~25分)

(2)畦埂通直，高度较均等，床面宽度均等，床面平整较细致，无杂物。(15~19分)

(3)畦埂通直，高度较均等，床面宽度均等，床面平整较细致，有少量杂物。(10~14分)

(4)畦埂不通直，高度不均等，床面宽度不均等，床面平整不细致，杂物较多。(10分以下)

4. 播种(25分)

(1)播种动作熟练，速度快，撒种均匀，种子无外撒现象。(20~25分)

(2)播种动作较熟练，速度适中，撒种均匀，种子无外撒现象。(15~19分)

(3)播种动作较熟练，速度适中，撒种不均匀，种子有少量外撒现象。(10~14分)

(4)播种动作不熟练，速度慢，撒种不均匀，种子外撒现象严重。(10分以下)

5. 覆土(15分)

(1)覆土均匀，种子无外露现象，镇压平整均匀。(13~15分)

(2)覆土均匀，种子有个别外露现象，镇压平整均匀。(10~12分)

(3)覆土均匀，种子有外露现象，镇压较平整均匀。(7~9分)

(4)覆土均匀，种子外露现象严重，镇压不平整均匀。(6分以下)

6. 安全操作(10分)

若违反安全操作规程或出现工伤事故，此次考核记为0分。

(二)点播(大粒种子)播种过程的考核内容及标准

1. 工具使用(20分)

(1)能够熟练使用播种工作中的工具。如铁锹、平耙等。(16~20分)

(2)能够较熟练使用播种工作中的工具。如铁锹、平耙等。(16~20分)

(3)能够使用播种工作中的工具，但不熟练。如铁锹、平耙等。(11~15分)

(4)不会使用播种工作中的工具。如铁锹、平耙等。(10分以下)

2. 整地(10分)

(1)整地过程熟练，在规定的时间内完成，翻地深度符合要求，土地平整度符合要求。(9~10分)

(2)整地过程较熟练，能在规定的时间内完成，翻地深度符合要求，土地平整度符合要求。(7~8分)

(3)整地过程较熟练，能在规定的时间内完成，翻地深度符合要求，土地半整度基本符合要求。(5~6分)

(4)整地过程不熟练，不能在规定的时间内完成，翻地深度不符合要求，土地平整度不符合要求。(4分以下)

3. 画线(15分)

(1)画线长度均等，宽度不均等，误差在5cm以内。(13~15分)

(2)画线长度均等，宽度不均等，误差在10cm以上。(10~12分)

(3)画线长度不均等，误差在10cm以内，宽度不均等，误差在5cm以内。(7~9分)

(4)画线长度及宽度的误差均在10cm以上。(6分以下)

4. 播种(30分)

(1)播种动作熟练，速度快，播种均匀，株、行距符合标准。(26~30分)

(2)播种动作较熟练，速度适中，撒种均匀，株、行距较符合标准。(21~25分)

(3)播种动作较熟练，速度适中，撒种不均匀，株距或行距相差较大。(16~20分)

(4)播种动作不熟练，速度慢，撒种不均匀，株、行距相差较大。(15 分以下)

5. 覆土(25 分)

(1)覆土均匀，种子无外露现象。覆土后垄线通直，垄宽均等(误差在 5cm 以下)。(21~25 分)

(2)覆土均匀，种子无外露现象。覆土后垄线通直，垄宽误差在 10cm 以下。(15~20 分)

(3)覆土均匀，种子无外露现象。覆土后垄线较通直，垄宽误差在 10cm 以下。(6~10 分)

(4)覆土不均匀，种子有外露现象。覆土后垄线不直，垄宽不均等。(5 分以下)

6. 安全操作(10 分)

若违反安全操作规程或出现工伤事故，此次考核记为 0 分。

单元二
嫁接苗繁育

单元介绍

嫁接育苗是把一个植株的枝或芽嵌合到另一植株的枝、干或根上，使二者愈合生长成新植株的育苗方法，是园林育苗诸多育苗方式中的一种。嫁接成活后的苗木称为嫁接苗。由于树种生长发育存在个体差异，结合季节的特点，决定了不同树种繁育嫁接苗的季节和方法不同。

在生产中，为保证某些观赏苗木和果树的优良品质、观赏性、抗逆性、矮化、早开花、早结果等特性，常采用嫁接方法进行繁殖。一些珍稀品种及变种等，为使其优良特征得到保存也常采用嫁接的方法进行扩繁。

嫁接繁殖苗木，所选用的砧木大多具有生命力强、根系发达、生长迅速等特性，繁育出来的嫁接苗成型快，个性特征明显，一般 2~3 年即可作为成品苗应用。

嫁接繁育苗木的过程包括砧木的选择和培育、接穗的选择采集与处理、嫁接、接后管理、苗木出圃等环节。

因采用接穗的素材不同可分为枝接和芽接。按嫁接的部位不同可分为高接与低接。

本单元分为春季和夏、秋季繁育嫁接苗两个项目，每个项目包括两个任务。每个任务的侧重点不同，两个项目涵盖了繁育嫁接苗的全部过程。主要学习枝接和芽接繁育嫁接苗的过程。

单元目标

通过完成嫁接繁育过程，学习砧木与接穗的选择、嫁接及幼苗抚育管理等相关岗位知识；熟悉繁育嫁接苗的流程和规程、规范；学会编写繁育计划书、砧木准备、种条采集、嫁接方法、接后管理、成活率调查、补接、修剪、掘苗等相关岗位技能；学会繁育嫁接苗工具的使用和材料的准备；能够按照嫁接苗的繁育过程，建立繁育嫁接苗的技术档案，形成从事繁育嫁接苗的职业能力。

项目一　春季繁育嫁接苗(枝接)

春季是进行嫁接育苗中枝接的主要季节。利用春季萌动期形成层开始活跃，营养物质开始向地上部分运输，有利于愈合成活的特性进行枝接。此时树木尚未发芽，叶片还没有形成，有利于嫁接操作。嫁接的时间，应根据树种的萌动期确定。嫁接过早，形成层尚未活动，接穗易失水死亡造成嫁接失败；嫁接过晚，砧木已经萌发，不利于接口的愈合，从而降低嫁接的成活率。

本项目的侧重点为枝接中的劈接法、切接法的知识点和技能点。

任务一　繁育碧桃苗

碧桃株形美观，花朵艳丽，是北方地区常用的春季观赏花灌木(图 2-1)。在生产上常采用山桃或山杏为砧木进行嫁接繁殖。

图 2-1　碧　桃

【任务描述】

北京市某苗圃计划繁育若干株碧桃。要求苗木生长健壮，无病虫害，地茎为3~4cm，基本树形为 3 股 6 杈。苗圃技术员根据繁育过程和要求制订了繁育计划，需技术工人根据就计划进行繁育。

【任务目标】

(1) 了解碧桃接穗的采集及加工、处理、贮藏方法，碧桃嫁接的流程，日志记录等理论知识。

(2) 学会蜡封接穗、切接的嫁接过程、嫁接工具的使用方法。

(3) 学会插皮接、切接的嫁接方法及接后抚育措施。

(4) 初步学会碧桃嫁接苗繁育的过程。

【任务流程】

砧木的选择与培育 ⇨ 接穗的选择、采集与处理 ⇨ 嫁接 ⇨ 嫁接后管理 ⇨ 苗木出圃

环节一：砧木的选择与培育

【理论知识】

一、砧木

嫁接中承受接穗的植株称为砧木。

二、砧木选择的条件

选择优良的砧木是培育嫁接苗的重要环节，因此在选择砧木时应慎重考虑。砧木应具备以下几个条件：

(1)与接穗的亲和力强、生长健壮、根系发达，能适应当地气候与土壤。一般选择乡土树种。

(2)种源或种条丰富，能大量进行繁殖，而且繁殖方法简便，易于成活。

(3)砧木必须对接穗的生长、开花、结实和寿命等有良好的影响，嫁接植株能反映接穗原有的优良品性。例如，用山桃或毛桃作梅花的砧木，则嫁接植株寿命短，易生病虫害。用杏、实生梅作梅花的砧木，则植株寿命长，病虫害少。

(4)对环境条件适应能力强，抗性强。

(5)能满足园林绿化对嫁接苗高度的要求，合理选用乔化砧或矮化砧。

【技能训练】

一、选择砧木

嫁接碧桃，选用的砧木是山桃实生苗。

二、接前砧木管理

嫁接前对山桃育苗地进行除草，嫁接前10d左右采用开沟施肥的方法施一次尿素，每$100m^2$施1kg左右。施后浇透水。

环节二：接穗的选择、采集与处理

【理论知识】

一、接穗

用来嫁接的枝或芽称为接穗。

二、接穗选择的条件

（1）选择品质优良纯正，观赏价值或经济价值高，优良性状稳定的植株为采穗，母本。母树年龄以壮年期较好，嫁接后很快就开花或结果。幼年期的母树，本身尚属发育阶段，用此接穗嫁接后，需较长时间才能开花、结果。花木类以观花为主，应选花多、花大、色艳、香气浓郁的品种作母株。观果类应选丰产、稳产、不易落花落果、果形果色及品质较好的品种。观叶类植物，要选择枝叶青翠、挺拔、生长茂盛、叶色奇特或叶形多变的品种。

（2）选择生长健壮，株形饱满，无病虫害，并对不良环境有较强抵抗力的母树。

（3）选择树冠向阳面的中、上部剪取生长充实的幼龄枝。春季枝接，选一年生生长旺盛、充实、休眠芽饱满、芽数较多的枝条作接穗。夏季枝接时，要选择生长粗壮、尚未木质化的当年生嫩枝作接穗，而五针松、杜鹃花常用梢头作接穗，嫁接成活后株形好。

（4）徒长枝、瘦弱枝、病虫枝不宜作接穗。当接穗材料紧缺时，粗壮充实的徒长枝或根蘖枝也可应用。

三、蜡封接穗

蜡封接穗指为了保持接穗的水分，延长接穗的寿命，在接穗的表面蘸满蜡而得到的接穗。蜡封接穗具备利于贮藏与运输，减少接穗水分蒸发，延长嫁接时间，成活率高，省工，加快育苗速度等优点。

春季嫁接时，因砧木与接穗存在物候期的差异，嫁接不易成活。故多采用秋、冬季进行蜡封接穗的方法对接穗进行储藏，春季嫁接时采用蜡封接穗进行嫁接，从而克服物候期不同造成的嫁接成活率不高的问题。

【技能训练】

繁育嫁接苗的接穗采集与加工处理按照《城市园林苗圃育苗技术规程》（CJ/T 23—1999）中繁育嫁接苗的接穗采集与加工处理规程进行。

1. 所需用品

湿麻袋片、枝剪、水浴锅、大烧杯、电炉、水温表、热合机、承装接穗容器、石蜡、蜂蜡、聚乙烯塑料袋、标签。

2. 内容及步骤

（1）采条与制穗

①选取生长健壮、无病虫害、叶芽饱满、通直的一年生碧桃的枝条采条（图2-2）。

②制穗：在碧桃的枝条上剪取长约10cm的接穗(图2-3)。

(2)蜡封接穗

①将石蜡、蜂蜡同时放入大烧杯或其他容器中，将烧杯坐入加有大半锅水的锅中加热，当蜡温达到90℃以上时可以蜡封(图2-4)。

②手持接穗迅速蘸蜡，先蘸下部1/2长度然后掉头蘸上部1/2长度，动作要快；或用笊篱装上剪好的插穗在水浴锅内速蘸(图2-5)。

③将蘸蜡的接穗放置一旁冷却(图2-6)。

④将已蜡封的接穗分级，并保持方向一致，然后每50或100枝装入塑料袋，同时填好标签一同装入袋内。注意标签的字向外(图2-7)。

⑤将塑料袋内空气排空，用热合机密封。

图2-2　碧桃枝条

图2-3　剪接穗

图2-4　化　蜡

图2-5　蘸蜡蜡封

图2-6　冷　却

图2-7　分级打捆

3. 注意事项

(1)在枝条芽饱满处剪取接穗。

(2)接穗蘸蜡时要迅速，避免将接穗烫伤。

(3)蘸蜡时要注意力集中，避免烫伤手臂。

(4)工作完成时要清理现场并及时填写工作日志(见附表2)。

操作技巧：

1. 蜡封接穗时，要随剪接穗随蜡封。

2. 蜡封接穗时，可单根蜡封，也可多根蜡封。

3. 当容器内的蜡液出现翻滚现象时再行蜡封，此时温度较高，接穗上附着的蜡层薄而坚固。

环节三：嫁　接

【理论知识】

一、枝接

枝接是用枝条作为接穗进行的嫁接。

二、枝接的方法

枝接的方法很多，根据接穗与砧木之间粗细差异可分为劈接、切接、插皮接、靠接、舌接、桥接等方法。

切接：在砧木横断面的1/4～1/3处进行枝接的方法。适用于砧木与接穗直径相差1～2倍的嫁接。

插皮接：在砧木横断面的韧皮部进行枝接的方法。适用于砧木与接穗直径相差1～2倍的嫁接。

三、嫁接的过程

嫁接的过程是：剪砧木—切砧木—削接穗—插接穗—绑扎。

春季低接，如果砧木不给皮就无法进行插皮接。此时可采用切接方法嫁接。切接也可在休眠期进行。

低接：嫁接在砧木主干较低的位置进行的嫁接方法。一般高度不超过50cm。

【技能训练】

一、切接和插皮接

采用切接或插皮接的嫁接方法。

1. 所需用品

嫁接刀、剪枝剪、手锯、塑料条等。

2. 内容及步骤

(1)剪砧木

将砧木距地表8～10cm抹头，注意剪口要平滑，不劈裂。

(2)切砧木(图2-8)

① 插皮接：砧木选西北方向树皮较光滑处，由截面向下切2～2.5cm，深达木质部，轻轻向两侧摆动，使皮层自然开裂。

② 切接：在砧木稍带木质部位置(约为直径的1/4)，垂直向下切一刀，深约3cm。

(3)削接穗

在接穗下芽的背面由上至下斜削一刀，长3cm左右，成单面楔形，反面削去0.3~0.5cm即可(图2-9至图2-11)。

(4)插接穗(图2-12)

① 插皮接：将接穗削面紧贴砧木木质部插入皮层，深度以接穗切口稍露白为宜。

② 切接：接穗大削面向里且至少有一面形成层与砧木形成层对准，插入切口稍露白。

(5)绑扎

用塑料条先将砧木截面蒙住，然后顺时针方向由下向上缠紧，缠严接穗与砧木接口即可(图2-13)。

图2-8　切砧木

图2-9　接穗全观

图2-10　接穗小面

图2-11　接穗大面

图2-12　插接穗

图2-13　绑　扎

3. 注意事项

(1)剪砧木时一定要保证剪口平滑，不劈裂。

(2)接穗削取时一定要削枝条的下端。

(3)接穗削取时削面必须光滑，大、小面要合理。

(4)切接插接穗时大面必须朝里，形成层必须对齐。

(5)绑扎必须牢固。

(6)注意安全，避免划伤手臂。

(7)工作结束后收拾工具并及时填写工作日志(见附表2)。

操作技巧：

1. 削接穗时持刀的手用力向前推，持接穗的手不能向后拉动。
2. 为保证接穗削面平滑，要一刀削到底，不能中途停顿。
3. 嫁接刀在使用前必须打磨锋利。
4. 切接时，接穗必须有一侧的形成层与砧木的形成层对齐。

环节四：嫁接后管理

【理论知识】

嫁接后管理包括检查成活、剪砧、去蘖、修剪、中耕除草、病虫害防治、浇水施肥、防涝排水等内容。

一、萌蘖

自砧木的根部萌发出来的枝条。

二、短截

剪去一年生枝条的一部分，保留枝条的一定长度和一定数量的芽，称为短截。一般有以下4种：轻短截(剪去枝条的1/5~1/4)，中短截(剪去枝条的1/3~1/2)，重短截(剪去枝条的2/3~3/4)，极重短截(剪去枝条绝大部分，仅剩基部2~3个“瘪芽”)。

三、疏剪

将所有枝条中间的某些枝条按不影响匀称的要求从基部剪除的方法称为疏剪。

一般进行树冠疏剪时，主要疏去枯死枝、病虫枝、衰弱的下垂枝、过密枝，以及交叉枝、竞争枝、直立徒长枝等。

四、碧桃常见树形

杯状开心形：主干低矮，自主干上端分生3~4个主枝，夹角约45°，主枝各自分生2个侧枝，侧枝再分生2个小侧枝。内膛无直立枝、内向枝，呈内低外高的形状。

自然开心形：无明显的主干，在主干上分生3~4个主枝，主枝上各分生6~8个侧枝，侧枝上着生开花枝组，树冠中心开心透光，呈内高外低的形状。

【技能训练】

按《城市园林苗圃育苗技术规程》(CJ/T 23—1999)中嫁接苗的管理规程进行操作。

一、检查成活

碧桃嫁接后，接穗正常发芽长叶，即已嫁接成活。

二、嫁接成活后修剪

(一)小苗修剪

1. 所需用品

剪枝剪、手锯等。

2. 内容及步骤

(1)夏季修剪

① 距地表以上留50~60cm，将主尖剪去。

② 将地表40cm以下侧枝全部去掉。

③ 40cm以上留3个分布均匀的侧枝培养成主枝，其余疏除。

(2)冬季修剪(图2-14)

① 将三大主枝约留30cm短截，注意剪口芽一定要留外芽，以引导树冠扩大开张。

② 将砧木的萌蘖条及其他小枝全部疏除。

(二)大苗修剪

大苗修剪主要为短截(图2-15)和疏剪(图2-16)。

1. 所需用品

剪枝剪、手锯、手套等。

2. 内容及步骤

(1)春季发芽后，选取3~4个方向分布均匀的枝条作为骨干枝进行培养，其余的枝条全部剪除。

(2)冬季在选取的骨干枝上留25~30cm短截，其余小枝全部剪除。

图 2-14 碧桃整形

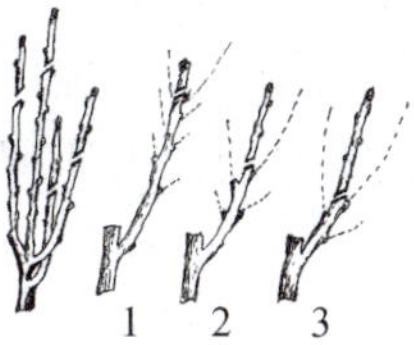

图 2-15 短 截

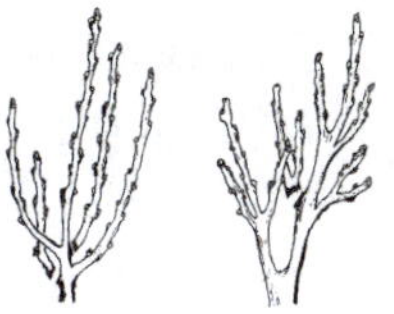

图 2-16 疏 剪

(3)第二年春季发芽后在骨干枝上留 2 个方向好、生长健壮的枝条作为一级侧枝进行培养。

(4)以后每年疏剪过密枝、病虫枝、枯死枝，直到出圃。

3. 注意事项

(1)修剪时注意力要集中，不能打闹。

(2)疏枝和短截时，剪口要小。

(3)短截应在外向或侧向生长的叶芽上方进行。

(4)操作时注意安全。

(5)工作结束后擦拭工具并及时填写工作日志(见附表 2)。

操作技巧：

1. 短截或疏剪较粗的枝条时，剪刀上下转动的同时，握枝条的一只手将枝条用力向外推，即可将枝条剪断，切不可左右扭动剪刀。

2. 山桃、山杏、柳、槐树等，在培养骨架枝时主要从骨架枝分布的匀称角度考虑。一般常用“三股六杈十二枝”进行处理。

环节五：苗木出圃

【理论知识】

地径是距离地面 20cm 以下树干的直径。

有主轴的花灌木、果树苗，分级、出圃以地径为标准。最低的出圃规格为 2.5cm，每增加 0.5cm 提高一个规格。

【技能训练】

以裸根苗出圃。根幅以地径的 8~10 倍进行计算。

思考与讨论

1. 什么是接穗？如何采集接穗？

2. 怎样制作蜡封接穗？保证蜡封接穗质量的关键是什么？
3. 影响嫁接育苗成活的主要因素是什么？如何培育健壮砧木？
4. 切接的操作顺序及方法是什么？提高嫁接成活率的关键是什么？
5. 比较一下切接与插皮接在操作上有哪些不同？

任务二　繁育龙爪槐苗

龙爪槐树冠如伞，状态优美，枝条构成盘状，上部蟠曲如龙，老树奇特苍古。叶、花供观赏，是优良的园林树种（图 2-17）。因是槐树变种，利用种子繁殖会产生大量的遗传分离，因而为保证龙爪槐的观赏特性，常采用槐树作砧木的方法进行嫁接繁育。

图 2-17　龙爪槐

【任务描述】

北京市某苗圃计划繁育龙爪槐若干株。要求苗木生长健壮，无病虫害，骨干枝为 3~4 个拱弯。苗圃技术员根据繁育过程和要求制订了繁育计划，需技术工人根据就计划进行繁育。

【任务目标】

（1）了解接穗的采集及加工、处理、贮藏方法、嫁接的流程、日志记录等理论知识。

（2）初步学会劈接的嫁接过程、嫁接工具的使用方法。

（3）学会劈接的嫁接方法及大规格苗木出圃，带土球掘苗及包装方法。

（4）初步学会繁育龙爪槐嫁接苗繁育的过程。

【任务流程】

砧木的选择与培育 ⇨ 接穗的选择、采集与处理 ⇨ 嫁接 ⇨ 嫁接后管理 ⇨ 苗木出圃

环节一：砧木的选择与培育

【理论知识】

龙爪槐嫁接苗嫁所采用的砧木为槐树。

【技能训练】

嫁接前将槐树育苗地进行除草，嫁接前10d左右，浇一次透水。将嫁接龙爪槐所用砧木槐树树冠保留3~5个分布均匀、位置好的分枝，其余疏除。

环节二：接穗的选择、采集与处理

【理论知识】

为避免接穗因失水失去活力，影响繁育嫁接苗的产量和质量，在嫁接之前往往对采穗枝条进行储藏。

(1)早春嫁接用的接穗，一般在植物落叶后剪取。剪后在低温下贮藏，可放在冰箱内、地窖内或埋入土中。贮藏时就分种类打成捆，分别挂上标签，注明采条日期、种、数量。每捆用湿润物填在枝条间隙，贮藏期间应经常检查，注意调节湿度和温度，以保持枝条的新鲜和芽的完整、饱满。如发现接穗芽有膨大的现象，应及时取出使用，或降低温度。

(2)常绿树、草本植物以及夏季嫩枝嫁接或芽接时，最好随采随接。当天接不完的枝条，应用湿布包裹或把枝条下部浸在水中，以保持枝条有足够的含水量。此法一般只能贮放3~5d。

(3)从外地采接穗时，应做好包装和运输工作。其关键是保湿、降温，防止枝条失水和因堆积增温，影响其生命力。包装材料应选用保湿性强、通气好的物质，如稻草、苔藓、锯木屑等。用清水湿透后，填充在枝条的空隙，然后用草包、塑料布包扎好，放入木箱中运输。到达目的地后，及时检查并抓紧时间进行嫁接，尽量缩短贮藏时间。

【技能训练】

一、接穗采集

结合冬季或早春修剪选取生长健壮、饱满、无病虫害的枝条作为采穗枝条。

二、储藏

(1)将枝条截成几乎等长的长度，每50根打成1捆。

(2)将打捆枝条贴上标签，放入冰箱或地窖内储藏。

(3)贮藏期间应该经常检查枝条的情况，注意调节湿度和温度，以保持枝条的新鲜和芽的完整、饱满。如发现接穗芽有膨大的现象，应及时降低温度。

环节三：嫁　接

【理论知识】

一、高接

在已形成树冠的大树上进行的嫁接方法。一般在骨干枝的分枝上部 20 ~ 30cm 处用腹接、劈接或切接以及芽接等方法嫁接，嫁接数量较多时，称为多头高接。也可在主干部位进行高接。

二、劈接

在砧木横断面的 1/2 处进行枝接的方法。适用于砧木与接穗的直径相差较大的嫁接。

三、腹接

在砧木树干或枝条的适当部位进行嫁接，不将砧木剪断进行枝接的方法。

四、嫁接的过程

剪砧木—切砧木—削接穗—插接穗—绑扎。

五、接口留白

嫁接插接穗时接面不完全插入接口中，在接口的上方留 3 ~ 5mm 的木质部，称为留白。其作用是便于接口的愈合。

【技能训练】

按照《城市园林苗圃育苗技术规程》(CJ/T 23—1999) 中繁育嫁接苗的枝接规程进行操作。采用劈接的方法进行高接。

一、所需用品

人字梯、嫁接刀、剪枝剪、手锯、小水桶、塑料条等。

二、内容及步骤

1. 剪砧木

从分枝点向上各主枝保留 20 ~ 30cm 剪 (锯) 除。剪 (锯) 口要平滑，与枝呈

90°，不劈裂。

2. 切砧木

砧木从枝的正中劈开，劈口深度 2～3cm(图 2-18)。

3. 削接穗

接穗削成两侧相同的斜面，长 2～3cm，外侧稍厚，削面要平直光滑(图 2-19、图 2-20)。

4. 插接穗

用刀撬开砧木切口将接穗迅速插入，外侧形成层对准，接穗接口留白。注意接穗顶芽应尽量偏上。如果砧木分枝较粗，可于两侧各插一接穗，顶芽向外(图 2-21)。

5. 绑扎

用塑条先将砧木截面蒙住，然后顺时针方向由下向上缠紧，缠严接穗与砧木接口即可(图 2-22)。

图 2-18　劈砧木

图 2-19　接穗全观

图 2-20　接穗侧观

图 2-21　插接穗

图 2-22　绑　扎

三、注意事项

(1)剪砧木时一定要保证剪口平滑，不劈裂。

(2)接穗削取时一定要削枝条的下端。

(3)接穗削取时削面必须光滑，削面长度均等。插接穗形成层必须对齐。

(4)绑扎必须牢固。

(5)梯子必须立牢，防止摔倒，发生危险。

(6)工作完成后收拾工具，及时填写工作日志(见附表2)。

操作技巧：

1. 削接穗时持刀的手用力向前推，持接穗的手不能向后拉动。

2. 在梯子上削接穗不方便，可在地面将接穗削好后放入装有水的小桶中备用。

环节四：嫁接后管理

【理论知识】

一、龙爪槐枝芽生长特点

龙爪槐是国槐的一个变种，龙爪槐枝条一般从第八个芽后开始下垂，园林生产中将其修剪为伞形。整形时，从第八个芽前端短截，但要注意留上芽或侧芽，以不断扩大树冠伞形。伞形树种一般都用嫁接的方法进行繁育，如垂枝榆等。修剪的方法与龙爪槐相同。

二、补接

嫁接后若没有成活，进行再次嫁接称为补接。

【技能训练】

一、检查成活与补接

1. 检查成活

龙爪槐嫁接后接穗正常发芽即已成活。若接穗枯黄、干瘪表明接穗死亡。

2. 补接

发现接穗枯黄、干瘪的现象应及时补接。

二、修剪整形

1. 修剪方法

重短截。

2. 所需用品

剪枝剪、手锯、人字梯、手套等。

3. 内容及步骤

(1)上树前对树冠认真观察，做到心中有数。

(2)修剪时先剪去干枯、病虫、下垂及位置不好的枝条，然后对所有枝条进行短截。

(3)位置好的健壮枝、直立枝要重剪，使整个树冠逐步成为伞形(图2-23)。

图2-23 龙爪槐整形修剪

4. 注意事项

(1)将人字梯支好，上树注意安全，最好一人上树修剪，一人扶梯子。

(2)修剪时注意力要集中，不要剪到手指。

(3)修剪完毕后将现场清理干净。

(4)工作结束后收拾工具并及时填写工作日志(见附表2)。

操作技巧：

修剪龙爪槐时，如果看不到芽，可用手去摸，找到斜向上生长的芽再行短截。

环节五：苗木出圃

【理论知识】

一、掘土球苗

龙爪槐出圃时因其树冠比较大，为保证成活，一般都要求带土球出圃。土球规格：横径为树干胸径的8~10倍，纵径是横径的4/5。

二、宝盖土

苗木根部表层的浮土层称为宝盖土。

三、土球打包

将挖好的土球用包装物包裹并用草绳紧密缠腰、防止散球的过程称为打包。

土球打包的草绳缠绕方式分为以下几种：

单股单轴：土球包装时，单股草绳缠绕一层称为单股单轴，适用于直径小于40cm的土球。

单股双轴：土球包装时，单股草绳缠绕两层称为单股双轴，适用于直径40～100cm的土球。

双股双轴：土球包装时，双股草绳缠绕两层称为双股双轴，适用于直径大于100cm的土球。

【技能训练】

按照《城市园林苗圃育苗技术规程》(CJ/T 23—1999)中苗木出圃的规程进行。

一、所需用品

铁锹、枝剪、盒尺、草片、草绳。

二、内容及步骤

1. 掘苗

(1)确定土球大小

以龙爪槐树干基部中心为原点量出土球半径，并画圆作为土球的边缘线(图2-24)。

(2)挖土球

①去浮土：将龙爪槐要掘土球范围内的地表土去掉一层。

②扣转铁锹沿边缘线轧出土球边缘。

③锹头向外，沿土球边缘铲去土球外一圈表土。

④沿土球边缘向外约两锹宽转圈向下挖掘。一边向下挖，一边扣锹向内切削，使之逐渐向内收缩，成苹果形。

⑤土球挖好后，用铁锹在土球底部转圈掏一浅槽。

2. 打包

(1)包裹包装物

用草片或无纺布等包装材料包裹土球。

(2)缠草绳

①用草片将土球包严后，用草绳打一道腰箍(又称内腰绳)，然后用草绳按

顺时针方向从上至下缠绕土球，绳间距 8～10cm，当绕满一圈后继续交叉缠绕第二圈，使之呈网状(图 2-25)。

②包打完后用草绳在土球腰部水平缠绕 5～10 圈后用草绳上下绊住，称为打腰箍(又称外腰绳)(图 2-26)。

③将打好包的土球推倒，用锹将土球底部修平，并将坑底清理一下，然后封底。

④剪一片草片将土球底部敷严，用草绳固定即可。

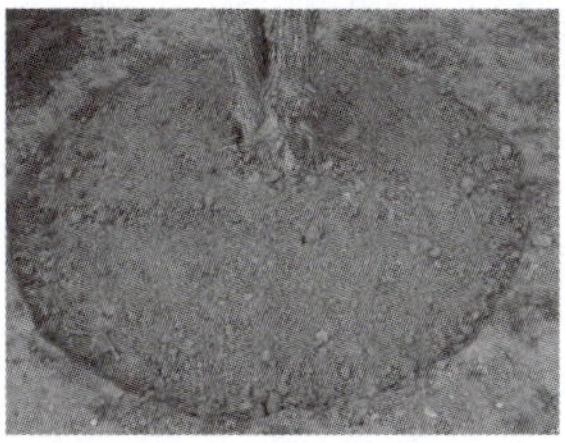

图 2-24　确定土球大小

图 2-25　开始打包

图 2-26　单股双轴

三、注意事项

(1)土球起苗过程中禁止晃动树干，以免散球。

(2)缠绕草绳时一定要缠紧。

(3)缠绕草绳时若草绳折断或草绳长度不够，接草绳时应绷紧已缠好的草绳。

(4)工作结束后收拾工具并及时填写工作日志(见附表 2)。

操作技巧：

1. 打包时二人相对，一人将草绳向土球下部缠，一人接过绳向上面缠，经两人配合，土球可以打得又好又快。

2. 缠绕草绳时用砖头或木方等硬物边缠绕草绳，边拍打，使草绳与土球紧密结合。

思考与讨论

1. 劈接的操作要点是什么?

2. 如何将龙爪槐修剪成伞形树冠?

项目二　夏、秋季繁育嫁接苗(芽接)

夏、秋季是进行芽接的主要季节。此时树液流动旺盛，砧木的树皮容易剥开，枝条上的侧芽已发育充实，并在嫁接后尚有一段生长期，形成层细胞分裂活跃，有利于愈伤成活。芽接过早，接芽萌发，形成的枝条木质化不充分，不能安全过冬。嫁接过晚，砧木皮不易剥离，不利于接芽愈合。因此形成层和愈伤组织需在一定温度下才能活动，空气湿度接近饱和时，最适宜愈合，在室外嫁接，更要注意天气条件。常用的芽接方法有：T 字形芽接、贴芽接、嵌芽接、套芽接等。

本项目的侧重点为芽接方法中的 T 字形芽接、嵌芽接的知识点和技能点。

任务一　繁育紫叶矮樱苗

紫叶矮樱色彩艳丽，整个生长期，叶片呈红色，是优良的彩叶树种之一(图 2-27)。因是紫叶李和矮樱的杂交种，利用种子繁殖会产生大量的遗传分离，故为保证紫叶矮樱的观赏特性，常采用山桃或山杏作砧木进行嫁接繁育。

图 2-27　紫叶矮樱

【任务描述】

北京市某苗圃计划繁育若干株紫叶矮樱。要求苗木生长健壮，无病虫害，骨干枝为 3~4 个。苗圃技术员根据繁育过程和要求制订了繁育计划，需技术工人根据计划进行繁育。

【任务目标】

(1)了解 T 字形芽接接穗的采集及加工方法、T 字形芽接的流程等理论知识。

(2)学会 T 字形芽接的嫁接过程、嫁接工具的使用方法。

(3)学会 T 字形芽接嫁接时间的确定及芽接后的管理技术。

(4)初步学会繁育紫叶矮樱嫁接苗繁育的工作过程。

【任务流程】

砧木的选择与培育 ⇨ 接穗的采集与处理 ⇨ 嫁接 ⇨ 嫁接后管理 ⇨ 苗木出圃

环节一：砧木的选择与培育

【理论知识】

嫁接亲和力是指砧木和接穗在内部组织结构、生理生化与遗传特性上彼此相同或相近，从而能够相互结合在一起，进行正常生长的能力。

【技能训练】

一、砧木选择

一般选用当年生生长健壮的与紫叶矮樱亲和力强的山桃或山杏播种苗作为砧木。

二、砧木的培育

1. 砧木繁育

可参照山桃实生苗繁育过程。

2. 砧木培育

(1) 及时将基部 30cm 以下枝蘖剔除干净，使基部表皮光滑，便于嫁接操作。

(2) 嫁接前可适当修剪侧枝，以利于通风透光及改善工作环境。

环节二：接穗的采集与处理

【理论知识】

枝条上萌发后形成叶片进而抽生枝条的芽为叶芽。一般叶芽较为瘦小而尖。芽接时应选取枝条上饱满的叶芽作为接穗的备选芽。

【技能训练】

一、选条

选取叶芽饱满生长健壮的紫叶矮樱枝条。

二、选芽

选取饱满无残缺、带有叶片的叶芽。

(1) 嫁接当天剪取叶芽饱满、生长健壮的当年生紫叶矮樱母树上的枝条。

(2) 枝条剪下后立即将叶片摘除，保留叶柄。

环节三：嫁　接

【理论知识】

一、提高嫁接成活率的因子

(1)砧木与接穗之间的亲和力。亲缘越近，亲和力越高，嫁接成活率越高，表现为同种间嫁接亲和力最高，同科同属间次之，同科异属间亲和力较小，不同科之间几乎不亲和。

(2)接穗与砧木之间形成层要对准、绑紧，保持接口水分，有利于愈合。

(3)砧木生长健壮，接穗充实饱满。

(4)嫁接时间要选择适当，砧木与接穗的韧皮部与木质部要容易分离。夏秋芽接不能过早，以免入冬前接芽萌发，不利于过冬。

(5)操作人员方法要正确，技术要娴熟，动作要快。

二、芽接

用叶芽作为接穗的嫁接方法称为芽接。

T字形芽接：嫁接时在砧木上划取T字形的接口而得名。

盾形芽片：芽接时自枝条上取下带有叶芽和叶柄的盾形接穗。

芽接时间：T字形芽接一般在7月下旬至8月上旬进行。芽接过早接芽有可能萌发，不利于过冬；过晚砧木及接穗停止生长，皮层与木质部无法剥离。一般桃、李停止生长较早，海棠晚些。

北京地区7~8月正是高温高湿季节，要选在晴天的早晚进行嫁接工作，这样既减少了接穗水分蒸发程度，又可避免高温高湿造成工人中暑，工作效率较高。

在树木枝叶繁盛时期采条，种条采下后要立即摘掉叶片，但要保留叶柄，并采取保湿措施，在最短时间内送到接木地点。采条要设专人负责。

【技能训练】

T字形芽接按照《城市园林苗圃育苗技术规程》(CJ/T 23—1999)中繁育嫁接苗中芽接规程进行。采用T字形芽接。

1. 所需用品

芽接刀、塑料条、剪枝剪、抹布等。

2. 内容及步骤

(1)切砧木

①用抹布将砧木基部泥土抹净。

②用芽接刀在砧木背阳面距地面 8cm 左右的光滑处横切一刀，然后用刀尖在切口正中纵切一刀呈 T 字形，刀尖左右晃动使切口裂开(图 2-28)。

(2)取芽片

取种条中部饱满的叶芽作为接芽。取芽手法有削芽和划芽法。

①削芽法：用芽接刀从芽下方 1.5cm 处向上斜削至芽上方 0.5～0.8cm 处，深达木质部，在芽上 0.5cm 处横切皮层，然后用手轻轻掰下接芽。

②划芽法：用芽接刀先在芽上 0.5cm 处横切一刀，然后用芽接刀从切口两侧向下划至芽下 1.5cm 处，掰下接芽(图 2-29 至图 2-31)。

③插芽片：将盾形芽片插入砧木皮下略深，然后向上推至与砧木形成层对齐(图 2-32)。

④绑扎：用塑料条从芽上将接口绑扎 1～2 圈后旋至芽下，由下至上绑扎严实，叶柄露外面(图 2-33)。

图 2-28　削砧木

图 2-29　削接穗

图 2-30　T 字形芽接穗(1)

图 2-31　T 字形芽接穗(2)

图 2-32　插接穗

图 2-33　绑　扎

3. 注意事项

(1)切砧木时切口不宜过大。

(2)绑扎必须牢固，叶柄留在外面。

(3)工作完成后收拾工具，及时填写工作日志(见附表2)。

操作技巧：

1. 芽片取下后，如不能及时嫁接，可放在装有清水的小桶中备用。
2. 芽片取下后，如需要调整砧木的切口，可将芽片放入口中保持水分。
3. 芽接刀必须打磨锋利，便于取芽。

环节四：嫁接后管理

【理论知识】

一、芽接检查成活的方法

用手轻触接芽叶柄，脱落表示成活，不脱落表示未成活。

二、移植的作用

(1)移植能培养苗木良好的有效根系

有效根系是指在地表附近形成主根、侧根和须根所构成的根系整体。主根起固定苗木和吸收水分的作用，侧根、须根起扩大吸收养分能力和增强呼吸能力的作用。一般园林用苗的有效根系，最大直径也不过1m左右，否则无法适应城市园林绿化的需要，要在此范围内形成丰满的根系，必须通过移植达到要求。通过移植，切断了原来根系的根稍部分，刺激苗木发生须根和壮大侧根，对苗木生长有利。不经过移植的苗木，根系分布少且深，或者偏于一侧，没有完整的有效根系，这是无法适应城市园林绿化要求的。

(2)移植能培养苗木直立挺拔的树干

移植可以使苗木的密度合理，不致过密、过稀。苗木在过密情况下，会互相争夺养分，势必使有些苗木徒长，有些苗木生长受阻，并且形成越来越严重的两极分化，苗木规格不统一，造成大量废苗。在过稀的情况下，常使苗木侧枝过分发达，主干生长受阻，树冠大而低，甚至垂头，树干弯曲，也不符合出圃要求。所以，为了使苗木有合理的密度，有些苗木要经过几次移植。

移植后，光、气、水、肥的供求适中，在群体发育的条件下，苗木争夺光照、争夺空间、齐头并进，再加上修剪去蘖等技术措施，就能形成通直挺拔的树干。

(3)移植能培养苗木良好的冠丛

冠丛是园林树木构成优良树姿的主体，在苗圃育苗时要随时注意苗木冠丛的培养。培养冠丛需要一定的空间，必须通过移植来解决。不移植的苗木，往往生长过密，落叶树类主干变高，骨干枝的发育受阻，冠形偏窄、歪斜；常绿树树冠上移，下部枝条干枯，叶片脱落，出现露空和畸形，均不符合出圃的要求。经过合理移植的苗木，只要养护工作得到保证，就能克服这些问题，获得优质苗木。

【技能训练】

按照《城市园林苗圃育苗技术规程》(CJ/T 23—1999)中嫁接苗的管理规程进行。

一、检查成活

时间：接后两周左右可安排检查成活。

方法：用手触动接芽的叶柄，根据是否脱落判断是否成活。

二、补接

若成活率较低可安排补接，此时砧木或接穗可能已不给皮，可采用嵌芽接或贴皮接方法补接。

三、解绑

芽接成活后3周可以解绑，方法是用刀片从嫁接部位的背面轻轻纵切一刀，割断塑料条即可。注意不要切得过深，尤其砧木为山桃时，若割伤木质部会造成流胶，轻者留疤痕，重者整株死亡。

四、病虫害防治

紫叶矮樱在栽培过程中，会受到刺蛾、蚜虫、红蜘蛛、叶跳蝉、介壳虫的危害。每年冬季涂白时尽量将主干和大枝都进行涂白，还应将虫卵、虫茧刮干净，早春应及时喷百菌清、多菌灵等广谱杀菌剂。病害如有发生要及时治理，刺蛾、蚜虫、叶跳蝉、介壳虫可用溴氰菊酯等喷杀，红蜘蛛可用三氯杀螨醇进行防治。

五、修剪

1. 去蘖

芽苗成活后会出现大量萌蘖，要及时不断将其抹除，避免消耗大量水分和养分。

2. 二次剪砧

当接芽生长发育完全木质化后可将接芽以上砧木留1cm保护，其余全部剪除。

3. 整形修剪

参照碧桃整形修剪。

六、移植

芽接成活后的紫叶矮樱可露地越冬，翌年春季需要移植。移植前先将紫叶矮樱接芽上保留15~20cm剪砧，然后按计划株行距定植，按移植苗的管理规范进行日常管理。

环节五：苗木出圃

采用裸根苗出圃。

思考与讨论

1. 什么是芽盾片？
2. T字形芽接与嵌芽接有何不同？
3. 如何确定芽接的时间？
4. 影响嫁接成活的因子有哪些？

任务二　繁育月季嫁接苗

月季花色艳丽，品种丰富，花期长（图2-34），加之其适应性较强，在我国很多城市被选为市花。为保持月季的优良品性，常采用营养繁殖的方法进行繁殖，特别是扦插繁殖应用最为广泛。

图2-34　月　季

【任务描述】

北京市某苗圃计划繁育若干株品种月季嫁接苗。要求苗木生长健壮，无病虫害，骨干枝为 3～4 个。根据繁育任务，制订繁育计划，并根据计划进行品种月季嫁接苗繁育。

【任务目标】

（1）了解繁育嫁接苗的繁育计划书的内容，并能初步制订嫁接繁育计划。

（2）了解芽接接穗的采集及加工方法、月季嫁接的流程、日志记录等理论知识。

（3）按照计划书的内容初步学会嫁接工具的使用、嵌芽接的嫁接方法。

（4）学会嵌芽接嫁接时间的确定和嫁接方法及芽接后的管理技术。

（5）初步学会繁育芽接嫁接苗繁育的工作过程。

【任务流程】

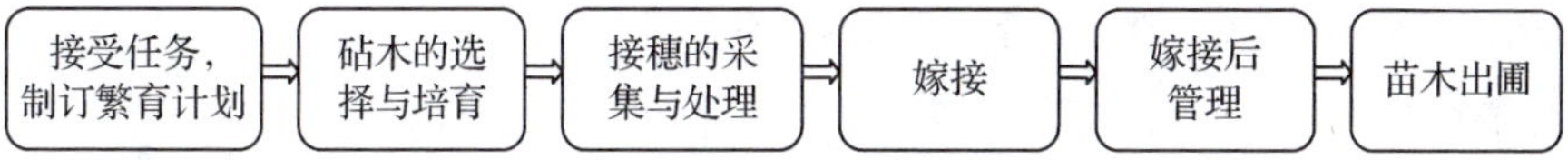

环节一：接受任务　制订繁育计划

【理论知识】

一、砧木繁殖计划

首先根据规定的成活率要求计算出完成计划嫁接任务的合格砧木数量，再按播种苗成品率标准计算出播种量。在实际生产中，一般实际播种量比计划用种量增加 20%，以确保完成生产任务。

二、嫁接繁殖计划

实际繁殖数量 = 任务数/成活率

【技能训练】

繁育计划书

繁育 20 000 株品种月季嫁接苗。

要求生长健壮，无病虫害，达到出圃要求。

1 年。

张三。

1. 砧木培育

(1)选取性状优良的无刺蔷薇繁殖33 000株。

(2)加强砧木的水肥管理，待其枝条的直径长到0.8cm以上时，即可进行嫁接。

2. 接穗选择与培育

(1)选择观赏价值高、性状稳定的品种月季作为接穗的培育对象。

(2)加强接穗母株的水肥管理，使其达到采穗的质量。

3. 月季嫁接

(1)嫁接方法：嵌芽接。

(2)嫁接数量：33 000株。

4. 接后管理

(1)嫁接1~2周的时间内检查其成活情况，若未达到要求的数量，及时补接。

(2)嫁接成活后及时剪砧。冬季做好防寒工作。

(3)及时防治病虫害，保证月季嫁接苗的安全生长。

5. 成苗出圃

达到出圃标准后，若春季出圃采用裸根苗出圃；若生长季出圃则采用土球苗出圃。

6. 完成任务所需的工具和材料

完成任务所需的工具：嫁接刀、剪枝剪、水桶、铁锹。

完成任务所需的材料：塑料条、蔷薇实生苗、品种月季枝条。

环节二：砧木的选择与培育

【理论知识】

一、砧木选择的标准

选择两年生以上的无刺蔷薇的播种苗或扦插苗。

二、砧木繁殖的数量计算方法

$$砧木繁殖量=\frac{任务数}{嫁接成活率(80\%)\times播种苗成品率(90\%)}\times安全系数(120\%)$$

【技能训练】

一、计算砧木的繁殖数量

砧木繁殖量 = 20 000 ÷ 80% ÷ 90% × 120% ≈ 33 000株

二、采用播种方法繁殖无刺蔷薇

具体操作参照槐树的播种过程。

环节三：接穗的采集与处理

在选定的品种月季母株上，选择生长健壮叶芽饱满的枝条作为接穗的采集枝条。

环节四：嫁　接

【理论知识】

一、嫁接成活的原理

植物在受到外伤时自身会产生再生能力，嫁接就是利用植物的这种能力使砧木和接穗生长到一起，成为新植株的方法。完成嫁接后，砧木与接穗的削面上首先分化出愈伤组织，发育的愈伤组织相互结合后，接近双方的形成层，分化成联合形成层，靠内侧形成木质部，靠外侧形成韧皮部。以后砧木吸收养分，水分通过愈伤组织及愈伤组织中分化的通道组织向接穗运送，接穗萌发生长后生产的同化物质向下输送，这时新物质积累，接穗基部肥大，双方完全融合在一起。

二、嵌芽接

嵌芽接是芽接时将接穗(芽盾片)镶嵌在砧木而进行的芽接方法。

【技能训练】

嵌芽接按照《城市园林苗圃育苗技术规程》(CJ/T 23—1999)中繁育嫁接苗中芽接的规程进行。采用嵌芽接方法，一般选择在7月下旬至8月上旬进行。

1. 所需用品

芽接刀、塑料条、抹布等。

2. 内容及步骤

(1)切砧木

①用抹布将砧木基部泥土抹净。

②选砧木基部光滑处，先斜切一刀深至木质部，然后从上至下以30°角切至第一切口，取下与接芽同样大小的盾形片(图2-35)。

(2)取芽片

用芽接刀从接穗芽上1~1.5cm处以30°角向下斜切至芽下1.5cm处，然后在芽下1~1.5cm处斜切至第一切口，取下带木质部的芽片(图2-36、图2-37)。

图 2-35　削砧木

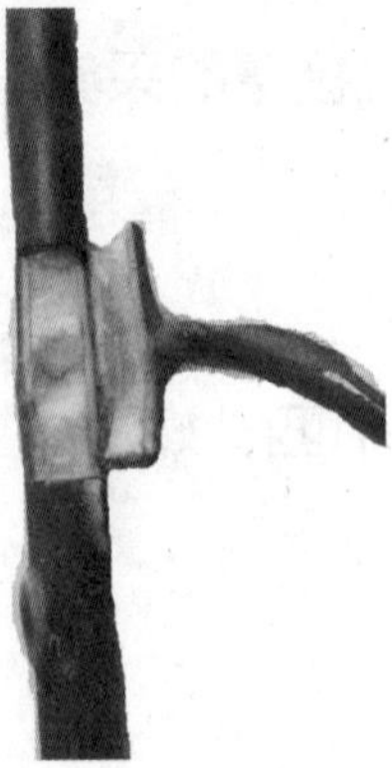

图 2-36　取芽片

图 2-37　芽　片

图 2-38　插芽片

图 2-39　绑　扎

(3)插芽片

将芽片迅速贴到砧木上(图 2-38)。

(4)绑扎

用塑料条先从芽上将接口绑扎 1~2 圈后旋至芽下，由下至上绑扎严实，叶柄露于外面(图 2-39)。

3. 注意事项

(1)砧木切口必须与芽片大小一致。

(2)绑扎必须牢固，叶柄留在外面。

(3)工作完成后收拾工具，及时填写工作日志(见附表 2)。

操作技巧：

1. 芽接时因在夏季，此时蚊虫较多，接木工作开始的前一天要喷杀虫剂。

2. 选用弹性好的塑料条进行绑扎。绑扎时，要稍微用力抻着塑料条进行绑扎，通过塑料条的弹性将接穗与砧木绑扎牢固。

环节五：嫁接后管理

【理论知识】

一、蘖芽

砧木萌生出的叶芽称为蘖芽。

二、打尖

将当年生枝条的顶芽剪除，称为打尖。

【技能训练】

按照《城市园林苗圃育苗技术规程》(CJ/T 23—1999)中嫁接苗的管理规程进行。

一、假植或栽植

接好的芽苗每50株一捆假植，或直接栽种在塑棚内。

二、修剪

1. 所需用品

剪枝剪等。

2. 内容及步骤

(1)剪砧

芽苗成活后，芽上保留2~3cm，其余剪掉。

(2)去蘖

剪砧后的芽苗会萌发大量蘖芽，要及时去除。

(3)打尖

接芽生长到10~15cm时打尖，刺激侧芽萌发成为主枝。

(4)在圃修剪

月季冬季修剪及出圃修剪应重剪，剪去1/2~2/3；花后修剪要轻，剪去残花即可。

3. 注意事项

(1)萌蘖芽及萌蘖条要及时剪除。

（2）月季花后要轻剪，以免树势消耗过多，造成死亡。

三、病虫害防治

月季易发生病害：白粉病、黑斑病等。

月季易发生虫害：蚜虫、月季茎蜂。

防治方法：化学防治。

1. 所需用品

橡胶手套、天平、水桶、搅拌棒、喷雾器、70%甲基托布津等。

2. 内容及步骤

（1）确定70%甲基托布津浓度为0.1%，即1000倍液。

（2）根据70%甲基托布津0.075g/m^2的用药量，计算实际面积所需70%甲基托布津的总药量。

（3）用天平称取70%甲基托布津的总药量，并倒入水桶中（如药液用量多可采用更大的容器或分几次进行勾兑）。

（4）将1000倍质量的水加入水桶中，边加水边搅拌，形成混合药液。

（5）将药液装入喷雾器中，并对播种地进行喷洒，进行消毒。

3. 注意事项

（1）做好打药前的防护工作。

（2）药液浓度一定要准确。

（3）打药完成后及时清理喷雾器。

（4）作业完成后及时填写工作日志（见附表2）。

操作技巧：

一般背负式喷雾器的容量是6L，每个喷雾器中直接加入6g 70%甲基托布津粉剂，然后加入6L水摇匀后即可喷雾。

环节六：苗木出圃

采用裸根苗出圃。

小贴士

《城市园林苗圃育苗技术规程》（CJ/T 23—1999）是进行苗木繁育的标准和依据。本单元涉及的内容为繁育嫁接苗的部分内容。

思考与讨论

1. 嫁接繁育计划中都包括哪些内容？

2. 嫁接成活的原理是什么？

3. 综合上述所学内容，嫁接后的管理包括哪些内容？

能力拓展

Ⅰ. 靠接法繁殖桂花

【理论知识】

靠接又称寄接。接穗不脱离母株，仍由母株供应水分和养分。即把有根的砧、穗各削去枝干的一部分，使削伤面密接愈合的方法。

【技能训练】

按照《城市园林苗圃育苗技术规程》（CJ/T 23—1999）中嫁接苗的管理规程进行。

一、培育砧木

嫁接桂花所用砧木树种有女贞、流苏树等。低接可选用生长健壮、无病虫危害、直径 1cm 以上实生苗；高接则选用多年生植株的 2～3 年生枝条。

二、选择接穗

桂花有‘金桂’‘银桂’‘丹桂’‘四季桂’等种类。首先可根据喜好需要和资源条件选择桂花品种，然后从选定的桂花植株上选择生长健壮、发育充实、无病虫危害、大小适中的 2～3 年生枝条作为接穗。

三、嫁接实施

（1）将接穗向砧木靠近

可采用支、垫、架、吊、绑等方法，将选作接穗的桂花枝条与砧木枝条顺向贴近。然后具体确定砧木与接穗适宜的嫁接部位，并固定位置。

（2）削接口斜面

分别在确定砧木与接穗的嫁接部位削接口斜面。斜面呈椭圆形，长 3～5cm，斜面深度一般不超过枝条粗度的一半。砧木与接穗斜面的大小、形状要一致（图 2-40A）。

（3）绑扎

将砧木与接穗的接口形成层对准后，用带有弹性的塑料条自下而上绑紧（图 2-40B）。

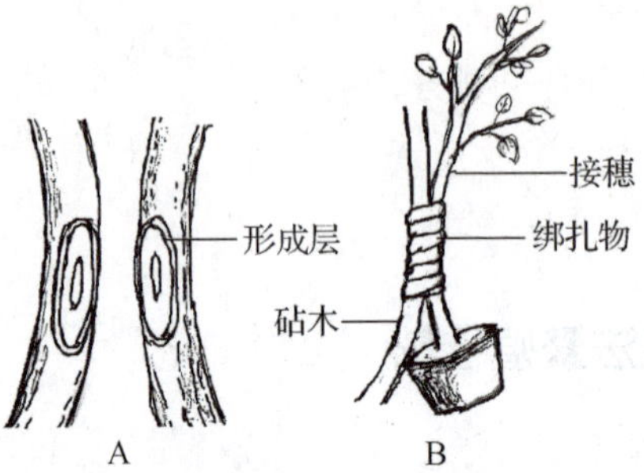

图 2-40　靠　接

A. 砧木与接穗接口　B. 嫁接绑扎后

图 2-41　嫁接成活后剪掉砧木与接穗

四、嫁接后管理

(1)剪砧

嫁接绑扎完成后，从接口以上1cm处剪掉砧木枝条。

(2)除萌

嫁接以后，如果砧木接口以下部分萌发枝条，应及时抹除。嫁接后31～35d，从接口下剪断接穗，让其脱离母体(图2-41)。

(3)检查成活

剪断接穗后3～5d，接穗枝叶生长正常即成活；如果叶子出现萎蔫卷缩，即未成活，应重新进行嫁接。嫁接成活后，枝条生长快，绑绳容易嵌入树皮内影响生长，应及时将绑绳松开。

Ⅱ. 腹　接

【理论知识】

腹接是植物嫁接方法之一，是指接合部在砧木腹部的嫁接法。嫁接时，并不切断砧木的枝干，而在其上适当部位斜切一刀，将下部削成楔形的接穗插入并缚紧。树冠更新枝条和补充缺枝时常采用此法。

腹接可用于高接也可用于低接。

【技能训练】

1. 所需物品

枝接刀、塑料条、抹布。

2. 内容及步骤

(1)砧木准备

①在准备进行腹接的部位用抹布将其擦干净。

②用切接刀在嫁接部位，呈30°角左右斜向下切一刀，切口的大小与接穗的接面吻合(图2-42)。

(2)削接穗

在枝条的下端，削成一面大一面小的接面。大面的长度视接穗粗度而定，一般为1~3cm，小面长度为大面长度的1/3~1/2(图2-42)。

(3)插接穗

将接穗插入砧木的切口中(图2-42)。

(4)绑扎

用有弹性的塑料条自下而上将接口绑紧(图2-43)。

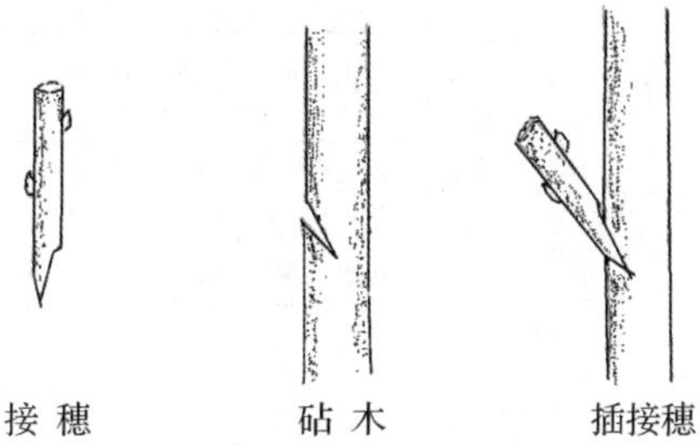

图2-42 腹 接

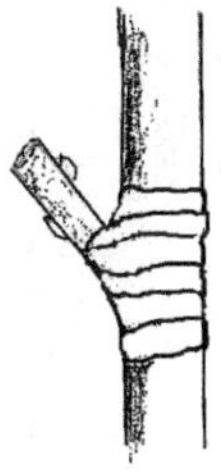

图2-43 绑 扎

单元小结

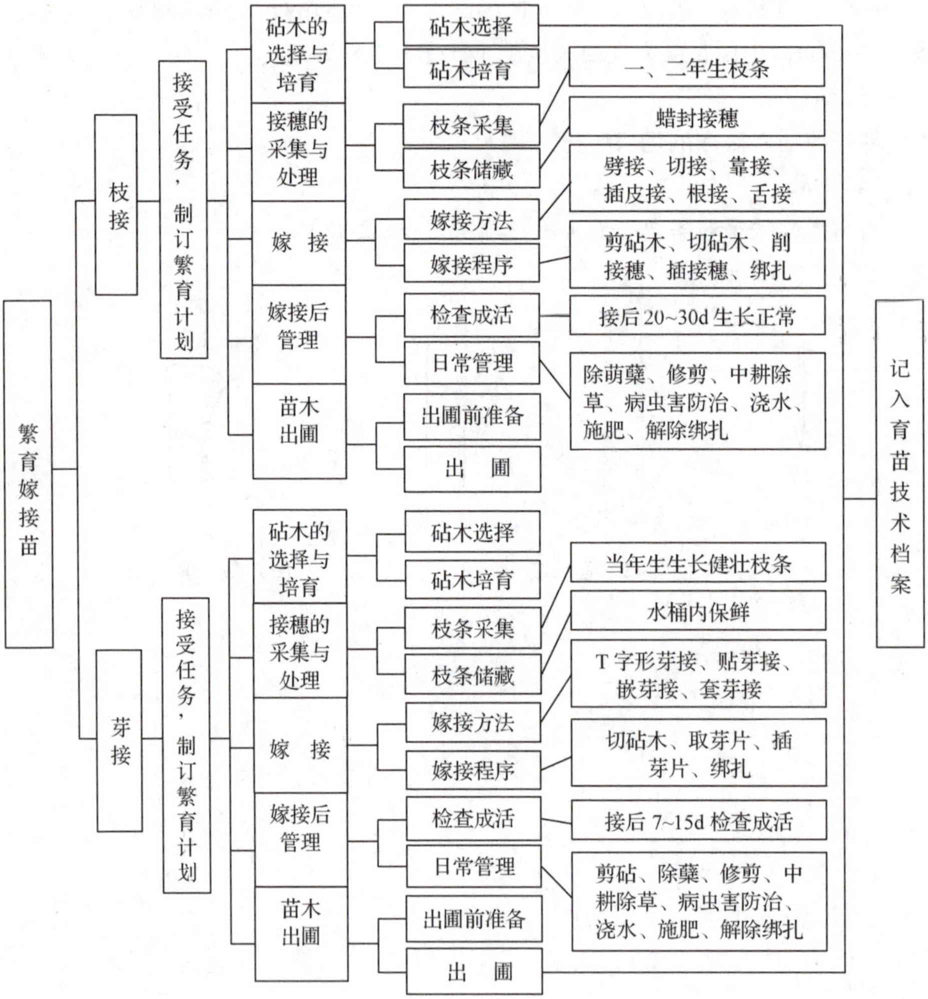
繁育嫁接苗
枝接
接受任务，制订繁育计划
砧木的选择与培育
砧木选择
砧木培育
一、二年生枝条
接穗的采集与处理
枝条采集
枝条储藏
蜡封接穗
嫁 接
嫁接方法
嫁接程序
劈接、切接、靠接、插皮接、根接、舌接
剪砧木、切砧木、削接穗、插接穗、绑扎
嫁接后管理
检查成活
日常管理
接后20~30d生长正常
除萌蘖、修剪、中耕除草、病虫害防治、浇水、施肥、解除绑扎
苗木出圃
出圃前准备
出 圃
芽接
接受任务，制订繁育计划
砧木的选择与培育
砧木选择
砧木培育
当年生生长健壮枝条
接穗的采集与处理
枝条采集
枝条储藏
水桶内保鲜
嫁 接
嫁接方法
嫁接程序
T字形芽接、贴芽接、嵌芽接、套芽接
切砧木、取芽片、插芽片、绑扎
嫁接后管理
检查成活
日常管理
接后7~15d检查成活
剪砧、除蘖、修剪、中耕除草、病虫害防治、浇水、施肥、解除绑扎
苗木出圃
出圃前准备
出 圃
记入育苗技术档案

单元考核与练习

单元练习

1. 名词解释

嫁接繁殖，砧木，接穗，亲和力，枝接，芽接，剪砧，除蘖。

2. 填空题

(1)营养繁殖包括______、______、______、______、______、______。

(2)嫁接的方法依接穗的不同可分为枝接和芽接，其中枝接包括______、______、______、______、______等方法，芽接包括______、______、______、______等方法。依据嫁接的高度可分为______ 、______ 、______。

(3)影响嫁接成活的因子有______、______、______、______ 、______。

(4)芽接后______d 检查成活。

(5)______、______、______是嫁接技术的关键。

3. 选择题

(1)以下选项中亲和力最强的是(　　)。

A. 同科、同属、同种、不同变种　　B. 同科、同属、不同种

C. 同科、不同属　　D. 不同科、属

(2)枝接的时间一般在(　　)。

A. 春季　　B. 夏季　　C. 秋季　　D. 冬季

(3)芽接的时间一般在(　　)。

A. 2~4 月　　B. 5~8 月　　C. 9~11 月　　D. 12 月至翌年 1 月

(4)嫁接后，伤口愈合最适宜的温度是(　　)。

A. 5~10℃　　B. 10~15℃　　C. 15~20℃　　D. 20~25℃

(5)砧木的粗度一般为(　　)。

A. 1~3cm　　B. 3~5cm　　C. 5~10cm　　D. 10cm 以上

(6)砧木与接穗的直径相差较大时采用(　　)。

A. 切接　　B. 劈接　　C. 靠接　　D. 腹接

(7)枝接时，一般接穗的长度为(　　)。

A. 1~5cm　　B. 5~15cm　　C. 10~15cm　　D. 20cm 以上

(8)龙爪槐树形为伞形，一般采用(　　)。

A. 高接　　B. 低接

C. 中接　　D. 任何部位嫁接均可

(9) 枝接、根接的嫁接苗在接后(　　) d 可检查其成活情况。

A. 7~10　　B. 20~30　　C. 30~40　　D. 40~50

4. 思考题

(1) 嫁接的特点是什么?

(2) 如何提高嫁接成活率?

(3) 切接时如何削接穗? 切接的过程是怎样的?

(4) T 字形芽接的技术要领是什么?

(5) 嫁接后如何进行管理?

技能考核

一、技能考核评分表

嫁接考核评分表

分值 \ 任务		嫁接 1	嫁接 2	嫁接 3	嫁接 4	嫁接 5
砧木选择(10 分)	砧木生长状况					
	与接穗匹配					
	病虫害					
	有无妨碍作业的叶片					
接穗选择(20 分)	枝条饱满度					
	枝条通直度					
	病虫害					
	叶芽饱满度					
接穗制取(30 分)	接面平整度					
	接面的长度					
	接穗长度					
切口位置(20 分)	剪砧位置					
	剪口平滑度					
	形成层对准					
绑扎(20 分)	接穗外露					
	芽子损伤					
	绑扎牢固					
安全操作						
总　分						

二、考核内容及评分标准

(一)枝接考核标准

1. 嫁接用时

要求：20min 内接 5 枝。

2. 接穗选择

要求：枝条饱满、通直、芽子饱满、无病虫害。(20 分)

每个芽 4 分，上述 4 项中每一项不符合扣除 1 分。

3. 砧木选择

要求：砧木生长正常，选用砧木与接穗相匹配，无病虫害，摘除有碍作业的枝叶。(10 分)

每个接穗 2 分，上述 4 项中每一项不符合扣除 0.5 分。

4. 接穗制取

要求：削面平滑，大小面适中，接穗的长度适中。(30 分)

每个芽 6 分：上述 3 项中每一项不符合扣除 2 分。

5. 切口位置

要求：切口位置适当，剪口平滑，形成层对准。(20 分)

每个芽 4 分，上述 3 项中每一项不符合扣除 1 分。

6. 绑扎

要求：绑扎牢固，接穗外露，芽部不得损伤及覆盖。(20 分)

每个芽 4 分，上述 4 项中每一项不符合扣除 1 分。

(二)芽接考核标准

1. 嫁接用时

要求：20min 内接 5 个芽。

2. 接穗选择

要求：接芽饱满，无病虫害和损伤，选芽适当。(20 分)

每个芽 4 分，上述 4 项中每一项不符合扣除 1 分。

3. 砧木选择

要求：砧木生长正常，选用砧木与接穗相匹配，无病虫害，摘除有碍作业的枝叶。(10 分)

每个芽 2 分，上述 4 项中每一项不符合扣除 0.5 分。

4. 接穗制取

要求：削面平滑，大小适中，芽的部位要稍带一层薄木质部。(30 分)

每个芽 6 分，上述 3 项中每一项不符合扣除 2 分。

5. 切口位置

要求：切口位置适当，形状大小与芽盾片相符，形成层对准形成层。（20 分）

每个芽 4 分，上述 3 项中每一项不符合扣除 1 分。

6. 绑扎

要求：绑扎松紧合适，全切面覆盖，叶柄外露，芽部不得损伤及覆盖。（20 分）

每个芽 4 分，上述 3 项中每一项不符合扣除 1 分。

单元三
扦插苗繁育

单元介绍

扦插繁殖苗木是以植物营养器官的一部分根、茎、叶、芽等，在一定环境条件下插入土壤、河沙或其他基质中，利用植物的再生能力，经过人工培育使之发育成完整的植株。

扦插育苗方法简单、材料充足，可进行大规模育苗和多季繁殖，成苗快，阶段发育老，保持母本的优良性状。但是因插穗脱离母体，必须给予适当的环境条件才能成活，对一些扦插成活条件要求较高的植物，还须提供必要的条件如遮阴、喷雾、搭塑料棚等才能成功。因此扦插育苗要求环境条件高、管理精细。

根据植物本身生物学特性的差异，扦插常分为硬枝扦插和软枝扦插。

扦插育苗主要包括接受生产任务、制订生产计划、准备扦插苗床、选择与制取插穗、扦插、扦插苗管理、苗木出圃等环节。

扦插苗的繁育从扦插到生根因季节、植物种类不同，生根时间长短也不相同。一般生长期扦插 20~25d，休眠期扦插 1~2 个月，苗木生根后进入养护管理阶段。

本单元分为硬枝扦插和软枝扦插两个项目，每个项目包含两个学习任务。主要学习繁育硬枝扦插苗和软枝扦插苗的过程。

单元目标

通过完成扦插苗的繁育过程，学习繁育材料准备、育苗地准备、扦插方法及幼苗抚育管理等相关岗位知识；熟悉繁育扦插苗的工作环节和规程、规范；学会编写繁育计划书、采条、截取插穗、整地、扦插床制作、扦插、插后管理等相关岗位技能；能使用繁育扦插苗工具；能够按照扦插苗的繁育过程，建立繁育扦插苗的技术档案，具备繁育扦插苗的职业能力。

项目一　冬、春季繁育扦插苗

硬枝扦插法是选取一、二年生落叶、茁壮、无病虫害的枝条，剪成长 10cm 左右 3~4 节的插穗，插入繁殖床，培育苗木的方法。

硬枝扦插法是扦插繁殖的一种方法，主要在休眠期(树木落叶后到发芽前)进行。扦插的地点可在冷室、阳畦等保护地内进行。

本项目的侧重点为硬枝扦插插床的制作、插穗的制取以及插后管理等内容。

任务一　繁育金叶女贞苗

金叶女贞在北京地区是半常绿或落叶树种，是良好的彩叶树种之一(图 3-1)。用种子繁殖可以获得大量苗木，但是最大的缺点是不能保持母树的优良特性，因此常采用扦插方法繁殖苗木。

图 3-1　金叶女贞

【任务描述】

北京市某苗圃准备为绿化工程繁育金叶女贞绿篱苗若干株。苗木要求生长健壮，无病虫害。苗木出圃规格是：冠幅大于 60cm，苗龄 3 年，灌高大于 0.8m，至少进行过一次移植。苗圃技术员根据繁育过程和要求制订了繁育计划，需技术工人根据计划进行繁育。

【任务目标】

(1)了解阳畦插床的制作方法。

(2)掌握插条选择的条件、插穗制取的标准和方法。

(3)掌握金叶女贞扦插后的环境控制。

(4)初步学会金叶女贞苗木繁育的全过程。

【任务流程】

扦插苗床准备 ⇒ 采插穗、扦插 ⇒ 扦插苗管理 ⇒ 苗木出圃

环节一：扦插苗床准备

【理论知识】

阳畦又名秧畦、洞坑，是由风障畦发展而来的。它是利用太阳的光能来保持畦内的温度，没有人工加温设施，所以又称冷床。

阳畦在园林育苗上主要用于硬枝扦插、花卉播种、囤苗等。因经济、制作简单常被采用。

【技能训练】

阳畦制作(图3-2)

繁育金叶女贞扦插苗可以在秋季树木落叶后进行，也可以在春季进行，不同季节使用的扦插床不同。北京地区秋、冬季扦插多采用阳畦或大棚，春季扦插一般采用荫棚下苗床扦插。

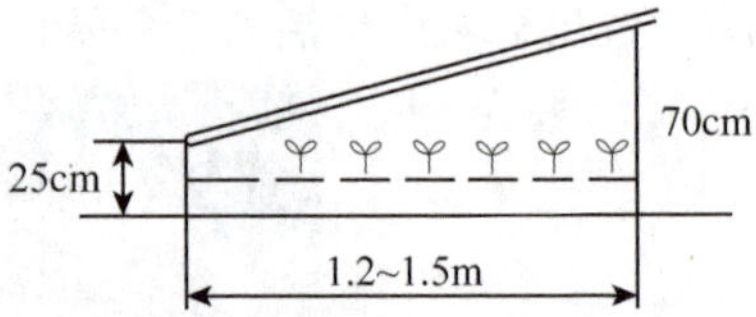

图3-2　阳畦示意图

1. 所需用品

镐、铁锹、皮尺、平耙等。

2. 内容及步骤

(1)选择背风向阳地方，沿东西方向，用皮尺量出长10～15m、宽1.4m的长方形地块，并画线，作为开挖阳畦的标记。

(2)用铁锹和镐沿画好的标线向下挖深20～30cm。

(3)将挖出的土堆放在坑的四周，坑的南侧高于地面20cm左右，北侧高于地面60～70cm，东西两侧堆成南低北高的坡，土埂踩实。

(4)将土埂的侧面用平锹拍平、拍实。

(5)阳畦挖好后将底部铲平。

(6)将底部土壤翻松20～30cm。

3. 注意事项

(1)挖坑时随挖随铲平四周的坑壁。

(2)工作结束后收拾工具并及时填写工作日志(见附表3)。

操作技巧：

1. 阳畦挖掘之前2~3d应对地块灌水，使土壤湿润，便于挖掘。堆四周的土埂时容易踩实，不易坍塌。

2. 堆土埂时应随堆土随踩实。

环节二：采插穗、扦插

【理论知识】

一、硬枝扦插

用完全木质化的枝条作为插穗进行扦插的方法称为硬枝扦插。

1. 插穗

用于扦插的植物材料，如根、茎、叶等称为插穗。

(1) 插条选择的条件

选择生长健壮、品种优良、无病虫害的幼龄母树，剪取组织充实、已充分木质化的一、二年生枝条作插条。在同一植株上采取插条时要选择树冠中上部向阳面发育健壮、充实的一年生枝条，大树最好采集基部的萌芽条。

(2) 插穗的剪制

应在阴凉处进行，不要在阳光下、风口处剪制。

插穗的长度：插穗上有2~3个饱满芽，大多数植物的插穗长10~20cm。过长，下切口愈合慢，易腐烂，操作不便，浪费种条；过短，插穗营养少，不利于生根。

插穗的切口：切口应平滑。下切口可剪成平口、斜口或双斜面，一般平口生根多，根系分布均匀，斜口、双斜面吸收面大，利于成活，但愈合慢易产生偏根。水分条件较差、生根期长的植物可用斜口，以增加对水分的吸收。上切口剪成平口，距上部芽1cm，太长会形成死桩，太短芽易干枯。下切口应位于节下或叶柄下0.2~0.5cm处，因为节部营养多，根原基多分布在芽附近。

带踵插穗：从新枝与老枝相接处下部2~3cm处剪下，这类枝条即为带踵插条。带踵枝条节间养分多，组织紧密，发根容易，成活率高，幼苗长势强。适用于桂花、山茶和无花果等的扦插。

(3) 插穗的贮藏

落叶树在秋末冬初剪条后，为防止失水要进行越冬贮藏。可埋藏于地下，也可储藏于冰箱内。贮藏时间依苗木品种特性而定，以种条基部形成不定根，恢复愈伤组织，控制发芽为原则。

2. 扦插时期

冬、春季均可，以春插为主。扦插时间一般在发芽前1～2个月，以当地的土温(15～20cm处)稳定在10℃以上时开始。华北地区一般在3月下旬至4月上旬，但华北北部4月中旬才可进行露地扦插育苗。

3. 扦插密度

依植物特性、苗木规格和土壤状况等因素而定。一般株距10～50cm，行距20～30cm。

4. 扦插深度

与生根关系密切，过深因地温低，不利于插条生根，同时影响幼芽出土；过浅插条吸水少，容易干枯。扦插深度依植物种类和环境而定，一般落叶植物上露一芽即可，在干旱地区扦插时应深些，插穗上切口与地面平。

二、扦插生根类型

皮部生根类型：以皮部生根为主，从插条周身皮部的皮孔、节(芽)等处发出很多不定根。

愈伤组织生根类型：从基部愈伤组织(或愈合组织)，或从愈伤组织相邻近的茎节上发出很多不定根。

侧芽潜伏芽生根型：普遍存在于各种植物，在茎节上生出许多不定根。

综合生根类型：即愈伤组织生根、皮部生根、侧芽潜伏性生根。

【技能训练】

按照《城市园林苗圃育苗技术规程》(CJ/T 23—1999)中扦插育苗规程进行。

金叶女贞硬枝扦插

1. 所需用品

剪枝剪、画线器、铁锹、平耙、喷壶等。

2. 内容及步骤

(1)在做好的阳畦底部铺一层厚约20cm的素沙，用平耙耙平。

(2)用喷壶将阳畦底部的沙层浇透水。

(3)用画线器均匀画出3cm×3cm的株行距(图3-3)。

(4)选择采条母树。选择生长健壮，无病虫害，2～3年生的金叶女贞作为采条母树。在母株上采取一、二年生，直径0.5cm左右，没有分叉的枝条。

(5)将枝条剪取长 10～15cm 的插穗。上剪口距上芽 1cm 平剪，下剪口距下芽 0.3～0.5cm 在芽背面剪成马蹄形(图 3-4)。

(6)将剪好的插穗沿画好线的交叉点处插入素沙中按实。插入深度为插穗长度的 1/2～2/3(图 3-5)。

(7)待插穗全部插完后浇水。

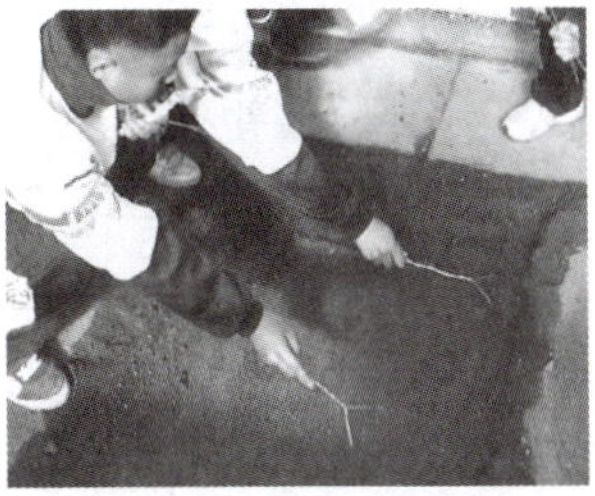

图 3-3　确定株行距

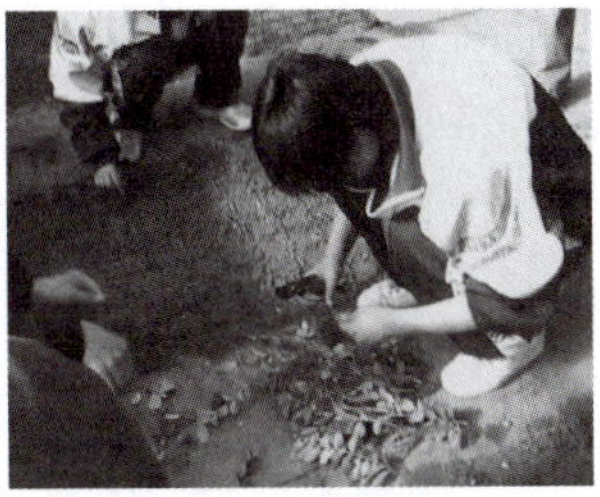

图 3-4　剪插穗

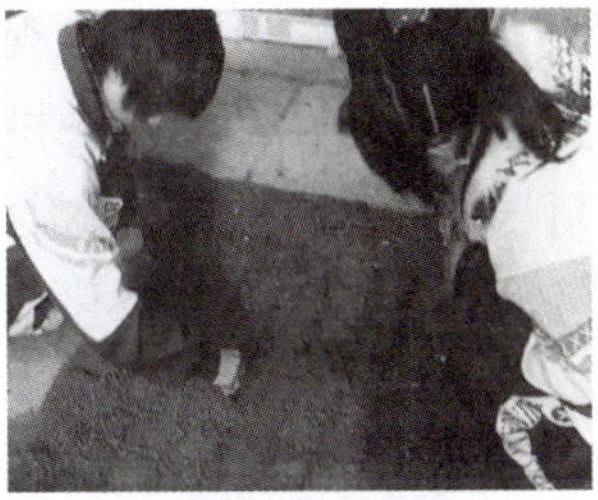

图 3-5　插插穗

3. 注意事项

(1)插穗尽量剪取枝条中部。

(2)插入基质时要注意插穗芽的方向一定要向上。

(3)插穗剪裁工具要锋利，上剪口和第一个芽保持 1cm 的距离，下剪口要接近芽的部位。

(4)扦插时不要硬插以免划破树皮形成伤口，不易愈合。

(5)插后浇水要均匀并要浇透。如果冬季温度高注意向阳畦中补充水分。

(6)插条采集可结合绿化修剪获得材料。

(7)工作结束后收拾工具并及时填写工作日志(见附表 3)。

操作技巧：

1. 摘叶片时要一个一个地摘下，不能用手捋。
2. 扦插操作时为提高扦插速度，可专人剪插穗，专人进行扦插。
3. 扦插时可用比插穗略粗的木棒或铁棍在基质上打孔后再行扦插。

环节三：扦插苗管理

【理论知识】

硬枝扦插应保持插床内基质的含水量在 50% 左右。过多易造成插穗的腐烂；过少易造成插穗失水萎蔫。空气湿度在 80%～90%。

【技能训练】

水分管理

插好后用清水喷透，使阳畦棚内温度保持在20～30℃。如果温度过高，要注意阳畦或拱棚两端放风并遮阴。生根前每天喷水1～2次，在10：00～11：00或13：00～14：00进行，视情况而定。保持相对湿度在80%以上，随着天气逐渐变冷，浇一次透水，把拱棚盖严准备过冬。到第二年春天，小苗长出新梢，生出新根，然后适时喷水、通风、炼苗，外界温度合适时就可以出圃移栽，当年秋天就能长成成苗，供绿化使用。

环节四：出　圃

参照水栒子出圃内容。

思考与讨论

1. 什么时间应用阳畦扦插，如何制作阳畦扦插床?
2. 通过查资料写出金叶女贞还能采用哪些方法繁育，并写出繁育过程。

任务二　繁育砂地柏苗

砂地柏一般分布在固定和半固定沙地上，长期适应干旱的沙漠环境，是干旱、半干旱地区防风固沙和水土保持的优良树种(图3-6)。砂地柏受粉率低，种子休眠期长，播种育苗比较困难，因而生产上多用扦插繁殖，繁殖方法可采用秋、冬季硬枝扦插、春季硬枝扦插、夏季半木质化枝条扦插。秋、冬季扦插在日光温室或小拱棚内进行。

图3-6　砂地柏

【任务描述】

北京市某苗圃准备为某绿化工程繁育用于地被植物的砂地柏苗木若干株。苗木要求生长健壮，无病虫害。苗木出圃规格是：主枝数大于3个，蓬径0.6m，苗龄4年，主条长大于0.5m，进行过一次移植。技术员根据繁育过程和要求制订了繁育计划，需技术工人根据计划进行繁育过程的实施。

【任务目标】

（1）了解苗床制作方法。

（2）掌握插条选择的条件、插穗制取的标准和方法。

（3）掌握常绿树硬枝扦插环境控制。

（4）初步学会砂地柏苗木繁育的全过程。

【任务流程】

扦插苗床准备 ⇨ 采插穗、扦插 ⇨ 扦插苗管理 ⇨ 苗木出圃

环节一：扦插苗床准备

【理论知识】

承受接穗的土壤、沙等物质称为扦插基质。硬枝扦插时也可采用土壤作为扦插基质，并同时施混合有机肥。

【技能训练】

按照《城市园林苗圃育苗技术规程》（CJ/T 23—1999）中插床制备的规程进行。扦插地点为日光温室（图 3-7）。

一、插床制作

1. 所需用品

镐、铁锹、皮尺、平耙、素沙、喷壶等。

2. 内容及步骤

（1）在温室已平整好的地面上，用皮尺量出 1.2m 床芯以及与 0.5m 步道相间距离，定桩画线。

（2）用铁锹将床芯内土壤铲到步道上并踩实。步道的高度约为 30cm。

（3）将床芯用平耙整平后铺厚约 20cm 的素沙（图 3-8）。

图 3-7　日光温室

图 3-8　温室内插床

二、插床消毒

将基质暴晒7～10d，插前1～2d用0.5%高锰酸钾消毒。

环节二：采插穗扦插

【理论知识】

影响扦插生根的内因

(1)树种的生物学特性不同

树种的生物学特性不同，它们的枝条生根能力也不同。根据插条生根的难易程度可分为：易生根的树种，如柳树、青杨类、黑杨类、水杉、丛生型花灌木等；较易生根的树种，如侧柏、扁柏、罗汉松、槐树、茶花、樱桃、杜鹃花、珍珠梅等；较难生根的树种，如金钱松、圆柏、日本五针松、梧桐等；极难生根的树种，如黑松、马尾松、板栗、核桃、鹅掌楸、柿树等。

(2)母树的年龄

1～2年生实生苗上的枝条扦插成活率高。

(3)插穗年龄

一般1～2年生枝的再生能力最强。

(4)枝条着生部位及发育状况

靠近树根和干基部萌发条的生根率高。针叶树母树主干上的枝条生根力强，在实际生产中，有些树种带一部分二年生枝，即采用踵状扦插法或带马蹄扦插法常可以提高成活率。硬枝插穗的枝条，必须发育充实、粗壮、充分木质化、无病虫害。

(5)插穗的长度

一般落叶树硬枝插穗10～25cm，常绿树种10～35cm。

(6)插穗的粗细

插穗的适宜粗细因树种而异，多数针叶树种为0.3～1cm，阔叶树种为0.5～2cm。

(7)插穗的留叶数

嫩枝扦插一般留2～4片，若有喷雾装置，定时保湿，则可留较多的叶片，以便加速生根。

【技能训练】

按照《城市园林苗圃育苗技术规程》(CJ/T 23—1999)中插床制备的规程进行。

一、扦插时间

砂地柏扦插一年四季都可以进行，在日光温室中扦插一般在秋季上冻前进行。

二、采条

选择在无病中害、生长健壮的母树上采集 1～3 年生粗壮枝作插穗，长 30cm，粗 0.5～0.7cm，尽量随采随插，插前浸水或埋入湿沙中。

三、制穗、扦插

1. 制穗

剪取砂地柏枝条 10～12cm，摘除下端 1/2 处叶片(图 3-9)。

2. 确定株行距

用画线器在插床上划出 10cm×10cm 的株行距。

3. 插插穗

为了使插穗生根快，成活率高，将剪好的插穗蘸上激素后插入基质中。

4. 浇水

浇水待插床全部插完后，用喷壶浇透水(图 3-10)。

图 3-9　砂地柏插穗

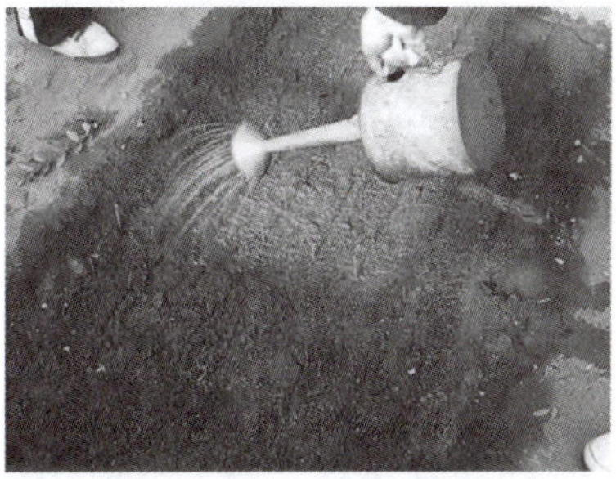

图 3-10　插后浇水

环节三：扦插苗管理

【理论知识】

承受接穗的土壤、沙等物质称为扦插基质。硬枝扦插时也可采用土壤作为扦插基质，并同时可混合有机肥。

【技能训练】

按照《城市园林苗圃育苗技术规程》(CJ/T 23—1999)中插床制备的规程进行。

一、插后管理

插好后用清水喷透，随着天气逐渐变冷，入冬前浇一次透水，越冬过程中注意保持土壤湿度，如果温室内温度过高，要注意通风降温(图 3-11)。到第二年春天，苗木生根后可移植露地培育。

图 3-11　砂地柏插后苗床

二、小苗管理

1. 挖穴施肥

先挖好种植穴，在种植穴底部撒上一层有机肥料作为底肥(基肥)，厚度为4～6cm，再覆上一层土并放入苗木，以使肥料与根系分开，避免烧根。

2. 栽植

放入苗木后，回填土壤，把根系覆盖住，并用脚把土壤踩实，浇一次透水。

3. 肥水管理

春夏两季根据干旱情况，施用2～4次肥水。先在根颈部以外30～100cm开一圈小沟(植株越大，则离根颈部越远)，沟宽、深均为20cm。沟内撒进12.5～25kg有机肥，或者50～250g颗粒复合肥(化肥)，然后浇上透水。入冬以后开春以前，照上述方法再施肥一次，但不用浇水。

4. 修剪

在冬季植株进入休眠或半休眠期后，要把瘦弱枝、病虫枝、枯死枝、过密枝等剪掉。

三、注意事项

(1)插穗剪截工具要锋利，剪口下端一定要平滑。常绿树种的插穗要保护好主尖。

(2)扦插后水一定要浇透。

(3)日光温室扦插可以适当密插，春天生根后要及时移栽。

(4)为保持扦插小环境的湿度，可以在插床上搭建小拱棚。

(5)作业完成后及时填写工作日志(见附表3)。

项目二　夏、秋季繁育扦插苗

嫩枝扦插育苗法是扦插繁殖的一种方法，主要在生长期进行。扦插的地点可在温室、荫棚、全光雾插床等保护地内进行。

大多数易生根的树木和花卉都可以进行嫩枝扦插，效果都很好，特别是初夏的6月，是许多植物扦插繁殖的最好时期，如白蜡、五角枫、杜仲、樱桃、紫薇、木槿、紫叶小檗、金叶女贞、猕猴桃等。

任务一　繁育月季扦插苗

月季繁殖有无性繁殖和有性繁殖两种。有性繁殖多用于培育新品种或生产砧木。无性繁殖有嫁接、扦插、分株、压条和组培等方法，扦插繁殖不仅可以保持母本的优良特性，而且繁殖速度快、成苗快、成活率高(图3-12)。

图3-12　月　季

【任务描述】

北京市某苗圃准备为某绿化工程繁育月季若干株。要求苗木生长健壮，无病虫害。苗木出圃规格是：主枝数大于4个，蓬径大于0.5m，苗龄3年，主条长大于0.8m，进行过一次移植。苗圃技术员根据繁育过程和要求制订了繁育计划，需技术工人根据计划进行繁育。

【任务目标】

(1)了解小拱棚制作方法。

(2)掌握插条的选择、截制。

(3)掌握嫩枝扦插的环境控制。

(4)初步学会月季嫩枝扦插全过程。

【任务流程】

扦插苗床准备 ⇨ 采插穗、扦插 ⇨ 扦插后管理 ⇨ 苗木出圃

环节一：扦插苗床准备

【理论知识】

一、小拱棚

小拱棚是在扦插床上利用一定的支撑材料做支架，运用透光材料覆盖在支架表面而建成的小型拱棚。

二、扦插基质

嫩枝扦插所用基质应疏松，透气，保水性强，不带有肥性。如素沙、珍珠岩、蛭石、泥炭、粉煤灰、消毒的锯末等。通常可以几种不同的基质混合使用。

三、基质消毒

嫩枝扦插因在生长季进行，温度高、湿度大，扦插基质很容易滋生微生物，进而污染插穗，造成插穗的死亡，降低扦插成活率。因此必须对基质进行消毒。基质消毒的药剂可参照单元一项目二任务一的内容。

【技能训练】

一、苗床制作

1. 工具及材料

炉渣、泥炭、粗沙、喷壶、铁锹、平耙、消毒药剂。

2. 内容及步骤

(1)在育苗地做高20～25cm，床芯宽1m、长10～15m的扦插床。

(2)也可用砖或者其他建筑材料围砌成上述规格的永久性插床，要留有排水孔，床内分层填入基质，底层铺8～10cm厚炉渣以利排水，中层铺8～10cm厚泥炭，上层铺约5cm厚粗沙，整平，浇水沉实。

(3)扦插的前一天，用0.5%用高锰酸钾消毒后待用。

二、安装喷灌设施

采用PVC(或镀锌)管沿苗床中央走过，提前确认微喷设备的喷灌半径，安装时要使苗床喷灌没有死角。

环节二：采插穗、扦插

【理论知识】

一、嫩枝扦插插穗条件

1. 插条的选择

选择生长健壮、品种优良、无病虫害的幼龄母树，剪取组织充实、已半质化的当年生枝条作插条。插条直径在 0.5cm 以上。

2. 插穗的长度

应保持在 15cm 左右，含有 3~4 个叶芽。

二、影响插条生根的环境因素

1. 温度

插穗生根的适宜温度因树种而异。多数树种生根的适宜温度为 15~30℃，以 20℃最适宜。

2. 湿度

在插穗生根过程中，空气的相对湿度、基质湿度是扦插成活的关键，尤其是嫩枝扦插，应特别注意保持合适的湿度。

空气的相对湿度：插穗所需的空气相对湿度一般为 80% ~90%。硬枝扦插可稍低一些；但嫩枝扦插空气的相对湿度一定要控制在 90% 以上，使枝条蒸腾强度最低。生产上可采用喷水、间歇控制喷雾等方法提高空气的相对湿度。

基质湿度：插穗最容易失去水分平衡，因此要求基质有适宜的水分。一般应保持田间最大持水量的 50% ~70%。基质湿度取决于扦插基质、扦插材料及管理技术水平等。

3. 通气条件

插穗生根时需要氧气，所以插穗基质要求疏松透气。

4. 光照

光照能促进插穗生根，这对常绿树及嫩枝扦插是不可缺少的。但扦插过程中强烈的光照又会使插穗干燥或灼伤，降低成活率。在实际工作中，可采取喷水降温或适当遮阴等措施来维持插穗水分平衡。夏季扦插时，最好的方法是应用全光照自动间歇喷雾法，既保证了供水又不影响光照。

5. 扦插基质

不论使用何种的基质，只要能满足插穗对基质水分和通气条件的要求，都有利于生根。

基质的选择应根据树种的要求，选择最适基质。在露地进行扦插时，大面积更换扦插土，实际上是不可能的，故通常选用排水良好的沙质壤土。

【技能训练】

按照《城市园林苗圃育苗技术规程》(CJ/T 23—1999)中扦插苗繁育规程进行。

一、采条、制穗、扦插

1. 扦插时间

至5月底至8月中旬，此时气候温和，枝条活力强，结合花后修剪可得到大量扦插材料，插后一个月即可生根，成活率高。

2. 所需用品

剪枝剪、喷壶、画线器、配置好的生根粉或吲哚乙酸。

3. 内容和步骤

(1)采条

插条应从优良品种的中幼龄母树上选取当年生半木质化、生长健壮充实、无病菌感染、叶腋新芽尚未吐出的枝条。

植物枝条所积聚的养分，首先集中供给枝条的顶端，即所谓顶端优势，在顶端生长、发育并开花。因此，靠近花的枝条所含的养分最丰富，有较多生长激素，选用这部分枝条扦插，成活率最高，生长发育也好。因此，月季剪去残花枯叶后蓄枝数日，使其充分积累营养，最好在早晨带露水时剪取。

(2)制穗扦插

①制穗：将月季枝条裁剪成10cm长，顶部留2片复叶，每片复叶基部留2片小叶，多余的叶片连叶柄剪除，减少叶片蒸腾。

②蘸生根粉或吲哚乙酸：扦插前用50~100μL/L的ABT生根粉或吲哚乙酸浸蘸插穗基部3~5min，目的是刺激细胞分裂，促进愈伤组织形成，达到快发根、多发根、提高扦插的成活率。

③插插穗：一般先用小木棒或铁棍在插床上插出一个小洞，再将插穗放入洞内。扦插深度为插条长度的1/2~2/3，插后用手将土压实，扦插密度以叶不相互接触为原则。

二、架设荫棚、小拱棚

1. 所需用品

钢筋或竹批子、铁锹、遮阴网或苇帘、竹竿或铁管、铁丝、钳子等。

2. 内容和步骤

(1)将钢筋或竹批子弯成拱形，间距1m，中间高0.7~1.0m，两端插入插床的两侧(图3-13)。

(2)用聚丙烯编织绳分3道将拱形钢筋固定。

(3)覆盖0.05~0.1cm厚的塑料薄膜，床的一侧用土压严，其余部分用砖头压紧，以便喷水或通风(图3-14)。

图3-13　支棚架

图3-14　盖　膜

环节三：扦插后管理

【理论知识】

嫩枝扦插在插后管理过程中，必须严格控制光照、温度、湿度等影响扦插成活的环境因素，保证扦插成活率。

【技能训练】

按照《城市园林苗圃育苗技术规程》(CJ/T 23—1999)中扦插苗的管理规程进行。

一、控制光照

月季扦插必须保持插条基部处于无光照的环境，以利于生根。因此，插后应覆盖遮阴，防止强光直晒，采用透光率50%的遮阳网遮阴。光照是扦插成败的主要因素。

二、调节温度

温度直接影响愈伤组织的分化速度，扦插后应保持高土温、低气温的环境。插穗基部要维持在25℃左右。温度太低，生根缓慢或不生根；温度过高，蒸腾量大，容易引起枝条失水干枯和幼根损伤，影响成活。

三、调节湿度

插穗在生根前主要依靠导管从土中吸收极少的水分维持新陈代谢，如果土壤缺水、空气干燥，水分吸收与蒸腾代谢产生供求矛盾，插穗生根困难，甚至干枯死亡。故插后要适量浇水、遮阴和保湿，并经常喷叶面水，保持土壤与空气湿润，以利生根。

四、施肥

无需再进行土壤施肥，捕穗生根后可进行叶面喷肥。月季扦插后在 25～30d 即可生根。即在扦插一个月后，每半个月轮流用 0.3% 尿素液肥和 0.2% 磷酸二氢钾液肥进行一次叶面施肥，以促进大量生根。

五、除草

要及时拔除插床内的杂草，不要再动苗。

六、注意事项

(1) 插穗制取工具一定要锋利，最好使用单刀片削上下剪口。

(2) 在愈伤组织形成前要保持棚内湿度 85%，土壤不易过湿，50% 含水量即可，看到小拱棚上有水珠说明棚内不缺水。7～10d 后进入生根阶段，土壤湿度保持在 30%，尽量少浇水，重点是保持空气湿度。

(3) 注意温度控制，最好是土壤温度高于棚内温度，这样利于生根，如温度过高应及时采用通风、喷水、遮阴等措施降温。

(4) 作业完成后及时填写工作日志(见附表 3)。

思考与讨论

1. 月季扦插还能在哪个季节进行？为什么？
2. 月季扦插时插条选用哪个部位最好？为什么？
3. 对于难生根的月季品种还可采用哪些促生根的植物生长调节剂？请说明使用浓度及时间。

环节四：出　圃

参照水栒子苗出圃。

任务二　繁育大叶黄杨苗

图 3-15　大叶黄杨

大叶黄杨在园林中常用作绿篱及背景种植材料，也可丛植于草地边缘或列植于园路两旁；若加以修饰，更适用于规则式对称配植。在北京常将其修剪成绿篱或修剪成球形，用于花坛中心或对植于门旁。同时，也是街道绿化和工厂绿化的好材料（图 3-15）。

【任务描述】

北京市某苗圃准备为某绿化工程繁育大叶黄杨若干株。苗木要求生长健壮，无病虫害，达到出圃规格。技术员根据繁育过程和要求制订了繁育计划，需技术工人根据计划进行繁育。

【任务目标】

（1）了解全光雾插床的使用及制作方法。

（2）掌握大叶黄杨嫩枝扦插快速繁殖技术。

（3）掌握苗木档案的填写和苗木出圃工作。

【任务流程】

环节一：接受任务，制订计划

【理论知识】

繁育计划是为完成育苗任务而制订的生产计划。包括树种名称、质量要求、繁育数量、扦插时间、扦插方法、抚育管理措施、出圃的方法等。

【技能训练】

一、接受任务

与客户洽谈繁育苗木的任务，包括繁育树种的名称、繁育数量、繁育时限、繁育质量等。

二、制订繁育计划

繁育计划书

任务名称：繁育20 000株大叶黄杨扦插苗。

质量要求：苗木出圃规格为：主枝数大于4个，蓬径0.5m，苗龄4年，灌高大于0.8m，至少进行过一次移植。要求生长健壮，无病虫害。

完成时间：4年。

任务负责人：张三。

技术保障：

1. 插条来源：自采。6月在生长健壮的母株上采条。

2. 扦插时间：生长季，6~8月。

3. 扦插方法：全光雾插。

4. 扦插密度：10cm ×10cm。

5. 扦插成活后，留床保养1~2个月后进行移植。小苗长到1年后进行移植。

6. 在苗木生长过程中及时进行抚育管理，其中浇水每年不少于6次，每年追肥2~3次，采用人工方法进行除草，用剪枝剪进行苗木修剪，在苗圃采用搭风障方法进行苗木防寒，发现病虫害及时防治。

7. 苗木达到出圃规格后，应进行苗木调查。本项目采用准确调查法进行调查。苗木出圃时采用土球根起苗方法起苗。

8. 完成任务所需的工具：铁锹、平耙、剪枝剪、喷壶、喷雾器等。

9. 完成任务所需的材料：素沙、蛭石、珍珠岩、泥炭、豆腐屉、微型喷头、无纺布等。

环节二：扦插苗床准备

【理论知识】

全光照自动间歇喷雾扦插育苗与传统露地育苗的主要区别是，需建造全光照自动间歇喷雾扦插床，安装间歇喷雾设备，使其按需要自动喷雾，以降低空气温度，保持叶面湿度，以利于生根。全光照自动间歇喷雾扦插育苗主要用于花灌木的扦插。

【技能训练】

一、室外永久性插床制作

1. 所需物品

砖块、素沙、石英砂、珍珠岩、蛭石、锯末、铁锹、平耙、喷雾设备。

2. 内容和步骤

(1)用砖块切成高 40cm 左右、宽 1.4m、长 10m 的扦插床(图 3-16)。

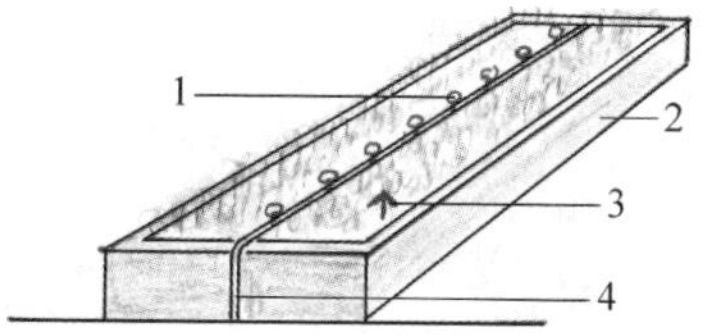

图 3-16 全光雾插永久性插床示意图

1. 喷头 2. 床壁 3. 电子叶 4. 输水管

(2)基质准备:在建好或已有固定的全光喷雾苗床内放入扦插基质。通常用的扦插基质材料有较粗的河沙、石英砂、珍珠岩、蛭石、锯末等。选择扦插基质应因地制宜,可用一种或几种透气透水的无土材料,下面可以铺碎石、粗沙和煤渣,上层铺 10cm 左右的蛭石、泥炭、珍珠岩等,也可直接铺设厚 20cm 左右的蛭石、泥炭、珍珠岩。几种基质混合使用比单独使用一种效果好。

(3)安装喷头及雾插设备:喷头的多少根据喷水压力的大小而定,这是技术的关键。因为全光喷雾扦插育苗就是在露天育苗时,用定时喷水的办法保证基质湿润。安装的喷头喷出的雾要保证将苗床全部覆盖,不要有死角,实地测试一下喷雾半径,最终确定喷头安装距离。

(4)插床消毒:在扦插前 10d 左右对基质进行消毒,可用 0.3% 的高锰酸钾溶液(图 3-16)。

二、非永久性固定插床的准备(图 3-17)

1. 所需用品

素沙、蛭石、珍珠岩、泥炭、豆腐屉、微型喷头、无纺布、铁锹等。

2. 内容及步骤

(1)将豆腐屉底部用无纺布铺严,防止基质沿缝隙泄露。

(2)将素沙、泥炭(或蛭石、珍珠岩)按 1∶1 混合后将其填入豆腐屉中 3/4 的高度。

(3)将装满基质的豆腐屉放置在支架台上,用 2% 的高锰酸钾溶液消毒 30min 后用清水冲净。

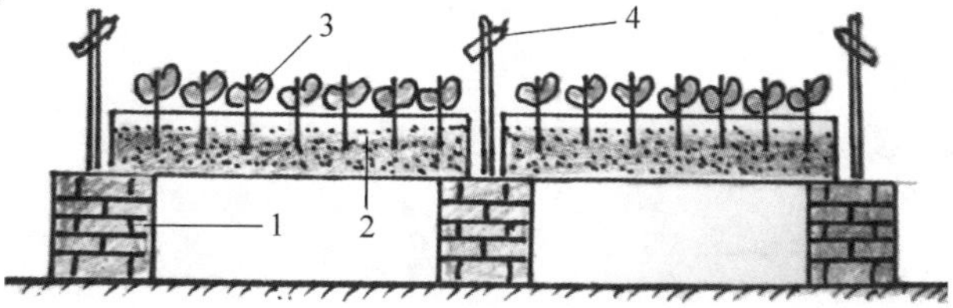

图 3-17 全光雾插非永久性插床示意图

1. 支架台 2. 苗床及基质 3. 插穗 4. 喷水装置

(4) 在支架台上每隔 2m 安置一个微型喷头。

操作技巧：

可将豆腐屉内插满插穗后再放置在支架台上。

三、温室内插床的制备

(1) 在插床上先铺一层无纺布(图 3-18)。

(2) 在铺设无纺布的插床上铺满基质，然后整平(图 3-19)。

(3) 基质消毒后用微雾将插床喷透水(图 3-20)。

图 3-18　整理插床

图 3-19　铺基质

图 3-20　喷　雾

环节三：采穗、扦插

【理论知识】

促进扦插生根的技术措施

1. 生长激素处理

常用的生长素有萘乙酸(NAA)、吲哚乙酸(IAA)、吲哚丁酸(IBA)、2,4-D 等。

2. 生根促进剂处理

目前使用较为广泛的有 ABT 生根粉系列；广谱性植物生根剂 HI-43，3A 系列促根粉等。

3. 温水洗脱处理

将插穗下端放入 30～35℃的温水中浸泡几小时或更长时间，具体时间因树种而异。

4. 流水洗脱处理

将插条放入流动的水中，浸泡数小时，具体时间因树种不同而异。多数在 24h 以内，也有的可达 72h，甚至更长。

5. 营养处理

用维生素、糖类及其他氮素处理插条，也是促进生根的措施之一。

6. 化学药剂处理

有些化学药剂也能有效地促进插条生根。如醋酸、磷酸、高锰酸钾、硫酸锰、硫酸镁等。

7. 低温贮藏处理

将硬枝放入0~5℃的低温条件中冷藏一定时间（至少40d），使枝条内的抑制物质转化，以利生根。

8. 黄化处理

在生长季前用黑色的塑料袋将要作插穗的枝条罩住，使其处在黑暗的条件下生长，形成较幼嫩的组织，待其枝叶长到一定程度后，剪下进行扦插，能为生根创造较有利的条件。

9. 机械处理

图3-21 扦 插

在树木生长季节，将枝条基部环剥、刻伤或用铁丝、麻绳或尼龙绳等捆扎，阻止枝条上部的碳水化合物和生长素向下运输，使其贮存养分，至休眠期再将枝条从基部剪下进行扦插，能显著促进生根。

【技能训练】

同月季扦插过程（图3-21）。

环节四：扦插后管理

【技能训练】

一、插床管理

苗床插满后要立即打开自动喷雾装置进行喷雾，插后一周，便可产生愈伤组织，15d左右90%生出新根（图3-22）。发根后，改为人工控制喷雾以降低基质湿度，防止烂根。并要加喷0.2%~0.3%的尿素或复合肥料，进行根外追肥，以促使扦插苗健壮生长。

图3-22 插后情况

二、苗木移栽管理

当插床中苗木根系生长发育良好便可移栽。

移栽时整地做床的规格宽为1.5m(含床埂)、长10m，沿着长边每隔30cm开10cm深的沟，以株距15~20cm栽植幼苗。一边覆土，一边用手压实。移栽后充分浇水，保持湿润。

环节五：苗木出圃

【技能训练】

按照《城市园林苗圃育苗技术规程》(CJ/T 23—1999)中苗木出圃规程进行。

一、起苗(掘苗)

大叶黄杨绿篱苗掘苗时土球规格为直径30cm，挖土球应直上直下，铁锹要锋利，断根要迅速。

二、贮存

如果不能及时外运，应临时假植。挖假植沟，将苗木排列紧密，用土埋至根颈部位，及时浇水，待运输前掘起、包装即可。

三、包装

放入小蒲包内，用草绳在根颈处扎紧，应做到包装结实，土球中的土壤要湿润。

四、填写苗木出圃技术档案和验收单

出圃前填写出圃档案和苗木验收单，苗木验收单也是苗木生产存档的重要资料(表3-1)。

五、装车运输

外埠苗木运输前必须办理检疫证明，随车携带。苗木掘苗后必须随时搬运，防止暴晒、雨淋和机械损伤；装车时土球排列紧密，土球向前，树梢向后。

六、运输时防护

用保温或遮阴材料覆盖，防治风吹日晒失水。

表 3-1　苗木验收单

供应商：　　　　　　　　　　　　　　标号：

	树种名称	规格				单位	数量	失水状况	病虫害	附件	备注
		高（m）	直径（cm）	冠幅（m）	土球规格（cm）						
苗木情况											
验收意见											
苗木情况											
验收意见											
苗木情况											
验收意见											
苗木来源		起苗日期		送苗员		验收员		验收日期			

注：苗木合格画“√”，苗木不合格画“×”。

思考与讨论

1. 全光雾插床育苗应在何时进行？采什么样的枝条截取插穗？
2. 苗木运输时应如何装车？运输过程中注意什么？

小贴士　《城市园林苗圃育苗技术规程》(CJ/T 23—1999)是进行苗木繁育的行业标准和依据。本单元涉及的内容为繁育扦插苗的部分内容。

能力拓展

叶插及叶芽插法繁育园林植物

【理论知识】

叶插：利用整片叶片或一小部分叶片作为插穗进行扦插繁育新植株的方法。

叶芽插：将含有叶芽和叶片的一小段茎段作为插穗进行扦插繁育新植株的方法。

【技能训练】

一、基质的准备

在用于扦插的容器中(如花盆、育苗浅、豆腐屉等)，放入素沙、蛭石等扦插基质。消毒后备用(消毒的方法参照月季扦插)。

二、扦插

(一)全叶插法

1. 平置法

(1)选叶片。选取叶片肥厚、发育良好的老叶片作为插穗。

(2)割断叶脉。用锋利刀片在叶片背面的主脉上横向将其割断(视主脉的数量决定刀口的数量)(图3-23)。

(3)将叶片正面向上,在割断叶脉的刀口部位用石子或竹针将其固定在基质上(图3-24)。

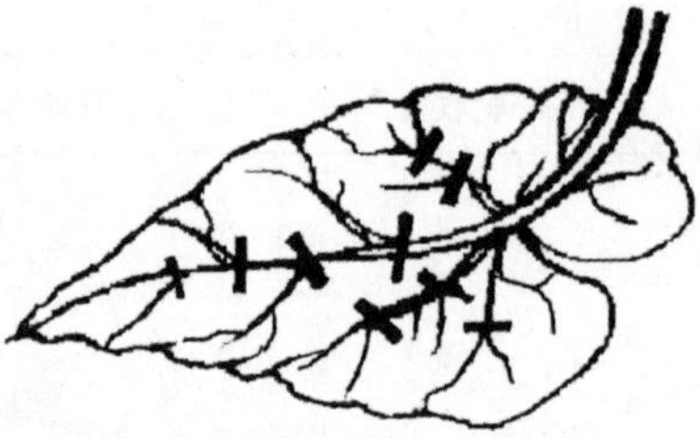

图3-23　割断叶脉(蟆叶秋海棠)

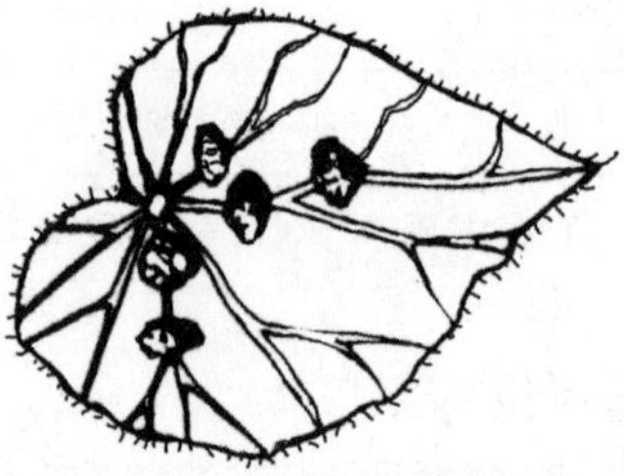

图3-24　固定(蟆叶秋海棠)

对于叶脉不明显的多肉多浆植物,直接将其平置在基质上固定即可。

2. 叶柄插法

将叶柄插入沙中,叶片立于沙面上,在叶柄基部发生不定芽。

(二)片叶插法

将一个叶片分切为数块,分别进行扦插,使每块叶片上形成不定芽。用此法进行繁殖的有大岩桐、豆瓣绿、千岁兰、虎尾兰等。

(1)将整个叶片分割成若干个小块。叶脉为网状脉的每一小块都带有主脉(如蟆叶秋海棠、大岩桐等);叶脉为平行脉的应与叶脉垂直分割(如虎尾兰)。

(2)将分割后的叶片于叶脉的下端朝下插入基质,及时浇水,数周后便可长出新的植株(图3-25A)。

(三)叶芽插

1. 取插穗

将花卉萌生的脚芽(如菊花)挖取下作为插穗,或将发育良好的叶芽连同叶片一起剪下作为插穗(图3-25B、C)。

图 3-25 叶插及叶芽插

A. 片叶插(虎尾兰) B. 叶芽插(菊花) C、D. 山茶叶芽插

2. 插插穗

将插穗插入基质中。注意一定将芽尖露出基质(图 3-25D)。

三、插后管理

(1) 及时浇水。对于多肉多浆植物浇水不可过勤繁殖腐烂。

(2) 避免强光照，以免因光照过强造成叶片萎蔫。

单元小结

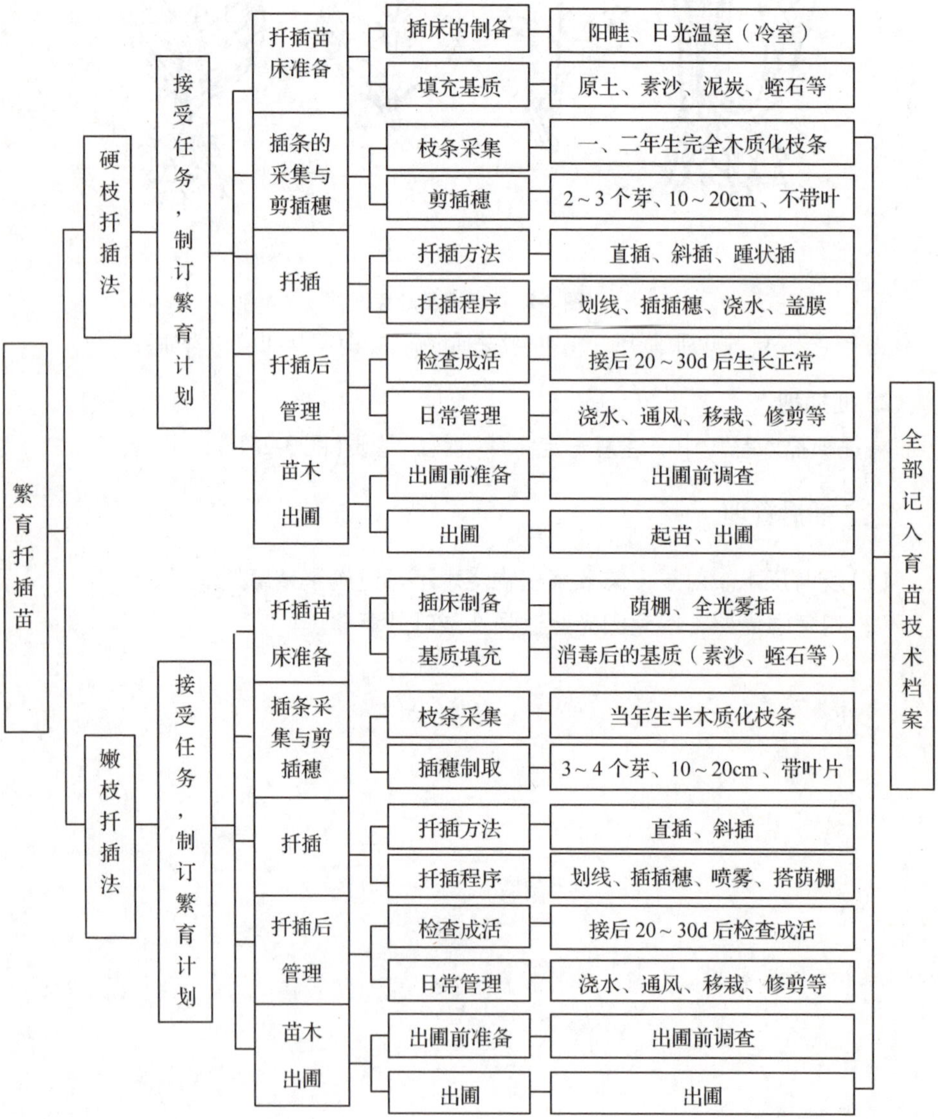
繁育扦插苗
硬枝扦插法
接受任务，制订繁育计划
扦插苗床准备
插床的制备
阳畦、日光温室（冷室）
填充基质
原土、素沙、泥炭、蛭石等
插条的采集与剪插穗
枝条采集
一、二年生完全木质化枝条
剪插穗
2～3个芽、10～20cm、不带叶
扦插
扦插方法
直插、斜插、踵状插
扦插程序
划线、插插穗、浇水、盖膜
扦插后管理
检查成活
接后20～30d后生长正常
日常管理
浇水、通风、移栽、修剪等
苗木出圃
出圃前准备
出圃前调查
出圃
起苗、出圃
嫩枝扦插法
接受任务，制订繁育计划
扦插苗床准备
插床制备
荫棚、全光雾插
基质填充
消毒后的基质（素沙、蛭石等）
插条采集与剪插穗
枝条采集
当年生半木质化枝条
插穗制取
3～4个芽、10～20cm、带叶片
扦插
扦插方法
直插、斜插
扦插程序
划线、插插穗、喷雾、搭荫棚
扦插后管理
检查成活
接后20～30d后检查成活
日常管理
浇水、通风、移栽、修剪等
苗木出圃
出圃前准备
出圃前调查
出圃
出圃
全部记入育苗技术档案

单元练习与考核

单元练习

1. 名词解释

扦插繁殖，插穗，扦插基质，硬枝扦插，软枝扦插，全光雾插，无性繁殖，营养苗。

2. 填空

(1)根据营养器官的不同，扦插的方法有________、________、________、________。

(2)扦插时期分为________、________。

(3)扦插时常采用的生长素是________、________、________、________。

(4)影响插穗成活的因子是________、________、________、________。

(5)促进扦插生根的方法有________、________、________、________。

3. 选择题

(1)扦插苗的特点是(　　)。

A. 根系发达，抗性强，寿命长　　B. 根系发达，抗性强，寿命短

C. 根系不发达，抗性弱，寿命短　　D. 根系不发达，抗性弱，寿命长

(2)枝条容易生根的部位是(　　)。

A. 梢部　　B. 中上部　　C. 中部　　D. 下部

(3)一般应用生长素浸泡促进扦插生根其浓度为(　　)。

A. 25~50μL/L　　B. 100~200μL/L

C. 200~500μL/L　　D. 1000~3000μL/L

(4)一般枝插时插穗的上剪口距最上边的芽(　　)。

A. 1~2mm　　B. 3~5mm　　C. 5~10mm　　D. 15~20mm

(5)一般枝插时插穗的下剪口距最下边的芽(　　)，以利于生根。

A. 1~2mm　　B. 3~5mm　　C. 8~10mm　　D. 15~20mm

(6)夏季全光雾插的主要树木是(　　)。

A. 落叶乔木　　B. 常绿树　　C. 花灌木　　D. 藤木

4. 思考题

(1)扦插繁殖有何特点?

(2)影响扦插成活的条件是什么?

(3)促进扦插成活的方法有哪些? 如何做?

(4)硬枝扦插与软枝扦插有何不同?

(5)软枝扦插的基质为什么需要进行消毒?

(6)全光雾插的工作原理是什么?

(7)硬枝扦插后如何进行管理?

(8)硬枝扦插的技术要点是什么?

技能考核

一、考核评分表

扦插过程考核评分表

采条(5分)	插穗制取(35分)				扦插(35分)		插后善后工作(25分)		
	长度	留芽数	剪口位置	留叶数	插入深度	株行距(密度)	浇水	清理	防寒

二、考核内容及评分标准

扦插育苗考核标准

1. 采条(5分)

(1)根据季节正确选取用于扦插的枝条。(5分)

(2)根据季节未正确选取用于扦插的枝条。(0分)

2. 插穗制取(35分)

插穗长11~15cm(节间较长者可长些);保留3~4个芽(节间较短者可多留);留1~2片叶(叶片较大者应留叶片的1/3~1/2);上剪口距上芽1~2cm,下剪口距下芽3~5cm,剪口平滑没有毛茬。

(1)全都符合插穗条件要求。(31~35分)

(2)其中一项不符合插穗条件要求。(26~30分)

(3)其中二项不符合插穗条件要求。(21~25分)

(4)其中三项不符合插穗条件要求。(16~20分)

(5)全都不符合插穗条件要求。(15分以下)

3. 扦插(35分)

(1)插穗插入基质深度适中,密度适中,株行距均匀。(31~35分)

(2) 插穗插入基质深度适中，密度较适中，株行距均匀。(26~30 分)

(3) 插穗插入基质过深或过浅，密度较适中，株行距均匀。(21~25 分)

(4) 插穗插入基质过深或过浅，株行距不均匀。(20 分以下)

4. 插后善后工作(25 分)

(1) 插后立即浇水并且浇透，残留的枝叶清理干净(硬枝扦插及时防寒)。(21~25 分)

(2) 插后立即浇水并且浇透，残留的枝叶清理较干净(硬枝扦插及时防寒)。(16~20 分)

(3) 插后立即浇水但未浇透，残留的枝叶清理较干净(硬枝扦插及时防寒)。(11~15 分)

(4) 插后没有立即浇水并且未浇透，残留的枝叶清理不干净(硬枝扦插未及时防寒)。(10 分以下)

单元四
压条法、分生法育苗

单元介绍

压条繁殖是将未脱离母株的枝条在预定的发根部位进行环剥、刻伤等处理，然后将该部位埋入土中或用湿润物包裹，不久从环剥或刻伤处长出新根，剪离母株后即成新的植株。

分生繁殖是指利用某些灌木丛生或植物根部萌发根蘖的特性，从母株上分割下来若干灌木丛或根蘖，将其进行独立栽植，培育成新植株的繁殖方法。分生繁殖在草本花卉如芍药、君子兰、兰花、玉簪、鸢尾、郁金香、百合、唐菖蒲、小苍兰、仙客来、马蹄莲等生产中经常应用。

上述两种繁殖方法是传统的苗木繁殖方法。适用于扦插不易生根的树种，而且简单易行，苗木成活率高，但由于其繁殖量小，适用的树种也少，一般不作繁殖育苗的主要方法，采用并不普遍。

本单元分为繁育分生苗和繁育压条苗两个部分。

单元目标

通过完成分生苗和压条苗的繁育过程，学习繁育分生苗、压条苗的方法和苗木管理的内容等理论知识；熟悉繁育分生苗和压条苗的工作环节和规程、规范；学会丛生型灌木分株和压条的相关岗位技能；能够按照分生苗和压条苗的繁育过程，建立育苗技术档案，具备繁育分生苗和压条苗的职业能力。

项目一　压条法繁育苗木

压条又称压枝，是把木本植株的枝条埋入湿润土中，或用其他保水物质(如苔藓)包裹枝条，创造黑暗和湿润的生根条件，待其生根后与母株割离，使其成为新的植株。它与扦插繁殖一样，是利用植物器官的再生能力来繁殖的，多用于一些扦插难以生根的树种，或一些根叶较多的木本花卉。

本项目的侧重点为繁育压条苗过程的知识点和技能点。

任务一　压条法繁育连翘苗木

图 4-1　连　翘

连翘枝条拱形开展，早春先叶开放，满枝金黄，艳丽可爱(图 4-1)。连翘为早春常见花木，广植于公园、街道绿地。最适宜丛植于草坪的一角、岩石假山之下、路旁转角处、阶前、篱下，尤其以常绿树为背景与红色榆叶梅搭配，红黄相映，气氛格外热烈，更显其金黄夺目之色彩。

以种子繁殖和扦插育苗为主，也可压条、分株繁殖。

【任务描述】

北京市某苗圃拟采用压条繁殖法繁育连翘。苗木要求生长健壮，无病虫害。出圃规格为：株高 1m，3~4 个主枝。苗圃技术员根据繁育过程和要求制订了繁育计划，需技术工人根据此计划进行繁育。

【任务目标】

(1) 掌握丛生型灌木压条繁殖的方法和流程。

(2) 学会用普通压条法、堆土压条法繁育苗木。

(3) 学会对压条苗进行养护管理。

(4) 培养学生吃苦耐劳、团结协作等精神。

【任务流程】

整理繁殖用地 ⇨ 压条 ⇨ 压条后管理 ⇨ 苗木出圃

环节一：整理繁殖用地

【理论知识】

为保证压条苗在繁育过程中操作方便，便于管理，在进行压条之前清理植物周围场地、翻松平整土壤。

【技能训练】

清理场地

1. 所需用品

尖锹、镐、平耙、手推车等。

2. 内容及步骤

(1)清理障碍物

用铁锹、平耙等工具将栽植地现场的砖头瓦块等障碍物装车运走。

(2)翻松平整场地

①用铁锹、镐等工具将场地翻深30cm左右，清理砖头瓦块、草根等垃圾。

②将大土块拍碎，用平耙将场地整平。

3. 注意事项

(1)正确使用工具，整地时注意安全。

(2)垃圾清理干净，现场整地要平整。

环节二：压　条

【理论知识】

一、普通压条法(单弯压条法)

普通压条法是最常用的一种压条方法，即一个枝条只能压成一株苗的压条方法(图4-2A)。

二、堆土压条法(直立压条法)

直立压条法适用于丛生和根蘖性强的植物。春季萌芽前，将母株的枝条从基部截去，促使萌发出大量新枝。当枝条长到20～30cm时，用刀将每个枝条基部刻伤，然后埋土，并进行正常的水肥管理，枝条生根后，翌春扒开土堆，切离母体栽植（图4-2B）。

三、波状压条法

波状压条法适用于枝条长而柔软的植物。将枝条做波状弯曲，弯曲处用刀割伤，埋入土中，枝条弯曲的波峰露出土面，波谷埋入土中。以后露出土面的枝条上发生枝条，入土部分形成不定根，成活后与母株切离。此法一个枝条能繁殖多株苗木（图4-2C）。

四、水平压条法

水平压条法适用于枝条长、容易生根的植物。将整个长枝水平压入沟内，使每个芽节处的下方产生不定根，上方芽萌发成枝，成活后切离母体栽植。此法一个枝条可育出多株小苗（图4-2D）。

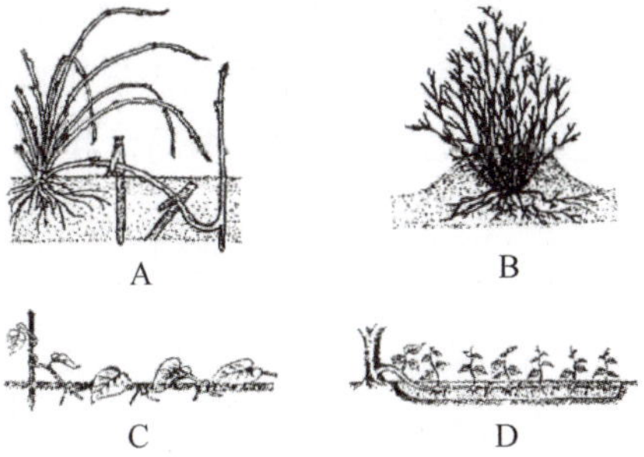

图4-2　压条繁殖示意图

A. 普通压条　B. 堆土压条　C. 波状压条　D. 水平压条

【技能训练】

按照《城市园林苗圃育苗技术规程》（CJ/T 23—1999）中压条苗的育苗规程进行。

一、普通压条

1. 所需用品

铁锹、剪枝剪、木钩、竹竿或木棒。

2. 内容及步骤

（1）选取生长健壮、无病虫害、枝条较长的连翘作为母株。

(2)先将用来压条的连翘枝条弯曲至地面确定位置，在地面上挖一个穴或沟，距离母株近的一侧挖成斜面，另一侧挖成垂直面。压条前在穴或沟中加入松软肥沃的土壤并稍踏实。

(3)将连翘母株上近地面的一、二年生枝条，选其中一部分作压条用枝条。

(4)将用作压条的枝条准备压入土中的部分用剪枝剪纵向划3~4道，深达木质部。

(5)将划伤部分向下弯曲放入挖好的穴或沟中，然后插入一木钩固定枝条，埋8~20cm厚的土壤，露出地面的枝梢可以绑一竹竿或木棒等支撑物。

(6)枝条压好后立即浇水。

二、堆土压条

1. 所需用品

铁锹、剪枝剪、木钩、竹竿或木棒。

2. 内容及步骤

(1)选取生长健壮、无病虫害、枝条直立的连翘作为母株。

(2)清理灌丛根部的垃圾并将灌丛中细弱的小枝用剪枝剪全部剪除。

(3)用铁锹将湿润的土壤堆埋到灌丛的根部，并踩实。堆土的高度不能低于20cm。

(4)堆土后在根盘的外围1m处做灌水堰，并浇水。

三、注意事项

(1)压条时一定要谨慎，避免枝条被折断。

(2)压条完成后，必须及时浇水。

环节三：压条后管理

【理论知识】

当压条后的枝条明显比母条粗壮时，证明已生根。

当压条成活后，用利器将其与母株分离，即切离母株。

【技能训练】

一、日常管理

1. 所需物品

浇水工具、除草工具、打药工具等。

2. 内容及步骤

(1)浇水

经常保持土壤湿润，有利于枝条的生根。应注意观察，发现土壤干燥应立即浇水。

(2)除草

对压条的苗木周围的土壤，及时清除杂草，避免与苗木争夺水分与养分。一般采用人工除草的方式进行。

(3)施肥

在压条生根时期，应及时使用有机肥促进生根。

(4)防治病虫害

及时防治易发生的病虫害。如白粉病、褐斑病等病害，介壳虫、桑天牛等虫害。

二、切离母株分栽

1. 所需物品

铁锹、剪枝剪、手锯。

2. 内容及步骤

(1)检查生根

当压条后的枝条明显比母条粗壮时，证明已生根。此时可以切离母株进行分栽。

(2)切离母株分栽

①用铁锹在压条生根部位与母株结合部用力向下切断。若枝条较粗可用剪枝剪或手锯锯断。

②将切下来的带根枝条栽植在挖好的树坑内。

(3)浇水

苗木栽植后及时浇水。可参照山桃苗移植浇水的内容。

环节四：苗木出圃

参照水栒子苗木出圃的内容。

石榴树姿优美，花期长达数月，每年 5 ~ 6 月间繁花怒放，灿若云霞，花红似火，分外鲜艳，可谓集食用与观赏于一体，加之石榴适应性广，抗病性强，栽培易(图 4-3)。

图 4-3　石　榴

任务二　压条法繁育石榴苗

【任务描述】

北京市某苗圃拟准备压条繁殖若干株石榴苗。苗木要求生长健壮，无病虫害。出圃规格为：株高 1m，3~4 个主枝。技术员根据繁育过程和要求制订了繁育计划，需技术工人根据此计划进行繁育。

【任务目标】

（1）掌握高枝压条繁殖的方法和流程。

（2）学会用高枝压条法繁育苗木。

（3）培养学生吃苦耐劳、团结协作等精神。

【任务流程】

清理环境 ⇨ 高枝压条 ⇨ 压条后管理 ⇨ 苗木出圃

环节一：清理环境

【理论知识】

为保证空中压条操作方便，便于管理，在进行压条之前清理植物周围场地、对妨碍操作的枝条进行处修剪，并摘除多余的叶片。

【技能训练】

清理环境

1. 所需物品

剪枝剪、铁锹。

2. 内容及步骤

(1) 用铁锹等工具将石榴周围土壤进行平整，清除杂草等妨碍操作的杂物。

(2) 将生长细弱的小枝剪除。

(3) 用剪枝剪剪除准备压条部位的叶片。

环节二：高枝压条

【理论知识】

高枝压条法：又称空中压条法。适用于基部不易产生萌蘖，枝条较高或枝条不易弯曲的植物。压条时对枝条被压处进行刻伤或环剥，以阻止枝梢养料向下输送。然后用对开的竹筒或塑料袋套在枝上被刻伤处，内装湿润物如苔藓、蛭石、疏松土壤等，将袋扎紧，使枝条生根。

【技能训练】

高枝压条

1. 所需用品

塑料袋、塑料绳、剪刀、培养土等。

2. 内容及步骤

(1) 枝条压条的部位用剪枝剪纵切2~3道(也可环割一圈)。

(2) 在割伤位置的下端3~5cm套上塑料袋，并将塑料袋下口扎紧(图4-4)。

(3) 向扎紧下口的塑料袋内填基质(图4-5)。

(4) 将填满土的塑料袋上口扎紧绑好(图4-6)。

图4-4　摘叶套袋

图4-5　填　土

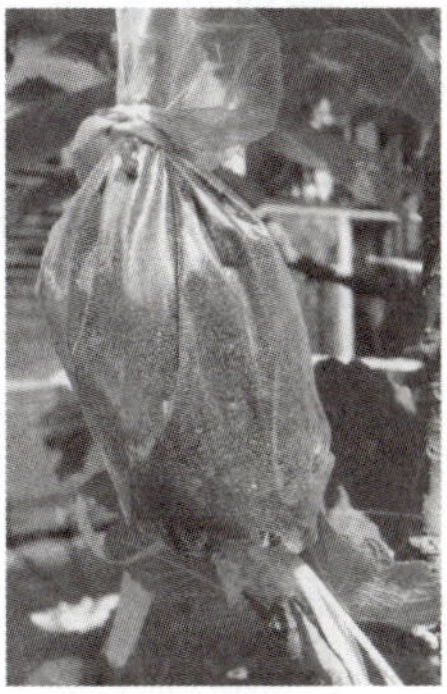

图4-6　封口绑扎

环节三：压条后管理

【理论知识】

透过塑料袋发现有根时，表明已生根。

当压条位置生根后，将其与母株分离，即切离母株。

【技能训练】

一、日常管理

1. 所需物品

浇水工具、除草工具、打药工具等。

2. 内容及步骤

(1)浇水

经常保持土壤湿润，有利于枝条的生根。应注意观察，发现塑料袋内的基质干燥应立即浇水。

(2)除草

对石榴苗木周围的土壤，及时清除杂草，避免与苗木争夺水分与养分。一般采用人工除草的方式进行。

(3)施肥

及时施用有机肥或追施磷钾肥促进生根。

(4)防治病虫害

及时防治石榴易发生的病虫害。如桃小食心虫、介壳虫、枣尺蠖等虫害，褐斑病等病害。

二、切离母株分栽

1. 所需物品

剪枝剪、铁锹。

2. 内容及步骤

(1)检查生根

当塑料袋内出现幼嫩的根时，证明已生根。此时可以切离母株进行分栽。

(2)切离母株分栽

①用剪枝剪在枝条生根部位与母株结合部剪断(塑料袋的下口)。

②把塑料袋拆掉，将剪下来带根的枝条连同基质一起，栽植在挖好的树坑内

或花盆内。

(3)浇水

苗木栽植后及时浇水，可参照山桃苗移植浇水的内容。

环节四：苗木出圃

参照水栒子苗木出圃的内容。

项目二　分生法繁育苗木

分生是将丛生的植株分离，或将植物营养器官的一部分与母株分离，另行栽植而形成独立新植株的繁殖方法。多用于萌蘖性强的丛生状灌木和宿根、球根花卉。方法简单易行，成活率高，但产苗量较低。另外，一些天然三倍体植物如香蕉，扦插不易生根的植物也可采用分生繁殖的方法进行繁育。本任务学习分株法繁殖珍珠梅。

本项目的侧重点为繁育分生苗过程的知识点和技能点。

任务一　分生法繁育珍珠梅苗

珍珠梅株丛丰满，枝叶清秀，贵在缺花的盛夏开出清雅的白花而且花期很长(图4-7)。对多种有害细菌具有抑制或杀灭作用，适宜在各类园林绿地中种植。具有耐阴性，因而是北方各类建筑物北侧阴面绿化的常用花灌木。生产上可用播种、分株、压条、扦插的方法进行繁育。本任务学习分株法繁殖珍珠梅。

图4-7　珍珠梅

【任务描述】

北京市某苗圃拟准备分生繁殖若干株珍珠梅苗木。苗木要求生长健壮，无病虫害。技术员小李根据繁育过程和要求制订了繁育计划，需技术工人根据此计划进行繁育。

【任务目标】

(1)掌握灌丛分生繁殖的方法和流程。

(2)学会丛生型灌木分生繁殖的技能。

(3)培养学生吃苦耐劳、团结协作等精神。

【任务流程】

整理栽植用地 ⇨ 分生灌丛苗 ⇨ 分生苗管理

环节一：整理栽植用地

【理论知识】

在进行苗木分生繁殖之前，整理栽植用地，主要内容包括：土地平整、翻耕、消毒等。具体可参照繁育山桃播种苗的内容。

【技能训练】

一、整理栽植用地

1. 工具及材料

尖锹、镐、平耙、手推车、白灰等。

2. 内容及步骤

(1)定种植点

按照 1m×1m 的株行距在平整好的栽植地上进行定点，并用白灰做好标记。

(2)挖栽植穴

栽植穴为圆筒状。根据珍珠梅分生苗根系大小，挖栽植穴。穴径比根系直径大 20~30cm，穴深为穴径的 2/3。

3. 注意事项

(1)株行距必须符合要求，挖坑后坑距均等。

(2)挖穴必须符合标准，以免过小造成窝工。

二、分生灌木丛并栽植

按照《城市园林苗圃育苗技术规程》(CJ/T 23—1999)中繁育分生苗的规程进行。

环节二：分生灌丛苗

【理论知识】

一、植物的分生能力

植物的分生能力指植物持续或周期性地进行细胞分裂产生新的细胞，细胞经生长和分化形成各种组织，进而形成各种器官，最终形成个体的能力。

二、灌丛分株苗

灌丛分株苗指将丛生型灌木分割成若干小丛，分别进行栽植而形成的苗木。

【技能训练】

分生灌丛苗

1. 所需用品

铁锹、剪枝剪、刀、手锯。

2. 内容及步骤

(1)分株

在早春或晚秋，选择生长发育健壮、无病虫害，并且萌生枝条多的珍珠梅作为母株。

方法一：用铁锹将珍珠梅母株整株挖出，如遇大根用手锯将大根锯断。用锋利的刀、剪或锹将母株分割成数丛，使每一丛上有 2~3 个枝干，下面带有一部分根系，适当修剪枝、根(图 4-8A)。

方法二：将珍珠梅母株周围土挖开，露出根系。将带有 2~3 个枝干和根系的萌蘖带根挖出，适当修剪枝、根(图 4-8B)。

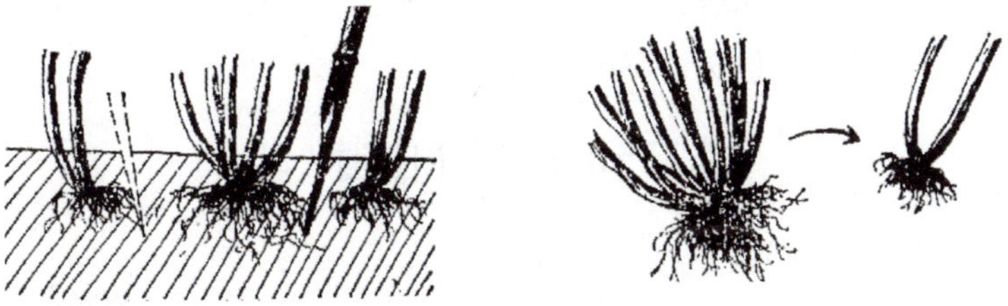

A　　B

图 4-8　灌丛分株示意图

（2）栽植

①工具：铁锹、镐、皮管、钳子、铁丝、水桶。

②内容及步骤：苗木入穴前，测量分生苗根系的深度与穴深是否一致。如果不一致向穴内填土或扩大栽植穴。在穴中将苗木扶正、找直，使苗木位于栽植穴中央，上下一条线与地面垂直。栽植前穴内施两锹基肥，然后向穴内埋土，用脚踩实。

3. 注意事项

（1）分株时必须保证分下来的株丛的底端都带有根系。

（2）每份灌木丛地上部分均应留有 2~3 个枝干，否则不利于幼苗的生长。

环节三：分生苗管理

【技能训练】

一、浇水

珍珠梅栽植成活后，注意浇水，保持土壤湿润，经常疏松土，以利萌发。春季干旱时要及时浇水；夏秋干旱时，水要浇透，以保持土壤不干旱。入冬前还需浇 1 次防冻水。浇水方法同上。

二、修剪

（1）花后要及时修掉珍珠梅残留的花枝、病虫枝和老弱枝，秋后及初春剪去弱枝、病虫枝、枯死枝等。

（2）要注意及时除芽去蘖。

三、注意事项

（1）浇水要根据不同季节、不同土壤条件而定。

（2）修剪时要注意保护树体不受伤害。

环节四：苗木出圃

参照水栒子出圃内容。

思考与讨论

1. 丛生型灌木分生苗浇水的注意事项有哪些？

2. 从生型灌木分生苗修剪的内容及要求是什么?
3. 分生繁殖的依据是什么?
4. 如何分生繁殖珍珠梅苗木?
5. 如何栽植珍珠梅分生苗?
6. 珍珠梅分生苗养护管理的要点是什么?
7. 整理栽植用地的方法和要求是什么?

任务二　繁育香椿分生苗

香椿树干通直，树冠开阔，枝叶浓密，嫩叶红艳，常用作庭荫树、行道树，园林中配置于疏林，作上层骨干树种，其下栽以耐阴花木(图 4-9)。香椿是华北、华东、华中低山丘陵或平原土层肥厚地区的重要用材树种、“四旁”绿化树种。生产上可采用播种、分蘖法繁育香椿苗。本任务学习分蘖法。

图 4-9　香　椿

【任务描述】

北京市某苗圃拟准备分生繁殖若干株香椿苗木。苗木要求生长健壮，无病虫害。出圃规格为：胸径 5cm。技术员根据繁育过程和要求制订了繁育计划，需技术工人根据此计划进行繁育过程的实施。

【任务目标】

(1)掌握根蘖分株繁殖的方法和流程。

(2)学会用根蘖分株繁殖繁育苗木。

(3)培养学生吃苦耐劳、团结协作等精神。

【任务流程】

整理栽植用地 ⇨ 分株根蘖苗 ⇨ 分生苗管理 ⇨ 苗木出圃

环节一：整理栽植用地

参照繁育珍珠梅分生苗的内容。

环节二：分株根蘖苗

【理论知识】

根蘖分株苗是将植物的根蘖从母株上分割下来，进行独立栽植而形成的苗木(图4-10)。

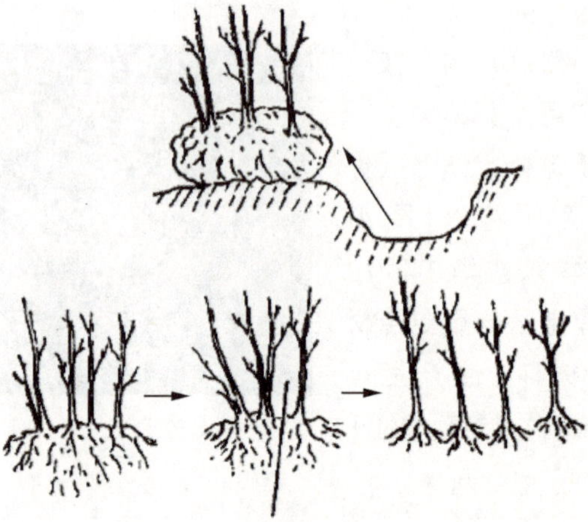

图4-10 根蘖分株示意图

【技能训练】

分株根蘖苗

1. 所需用品

铁锹、斧子(或锯)、剪枝剪。

2. 内容和步骤

(1)用铁锹将整株根蘖苗挖出。若根蘖苗在较大母株的根系周围，可将根蘖苗的根系挖成裸露状态。

(2)用斧子或锯将根蘖苗自根部劈开，使之成为独立的植株。

环节三：分生苗管理

【理论知识】

根蘖苗的管理包括浇水、施肥、病虫害防治等。

【技能训练】

浇水

采用单株灌溉的方法浇水。

1. 所需用品

铁锹、皮管、钳子、铁丝等。

2. 内容及步骤

(1)用好土做成一个高 20cm 左右、上底边宽 10cm、下底边宽 20cm 左右的树堰。

(2)用钳子、铁丝将皮管接到水源上，将皮管出水口对准树堰，打开水源；或者直接用水桶接水浇灌。

(3)栽后连续浇 3 遍水，每次要浇足浇透。

3. 注意事项

(1)栽植香椿根蘖分生苗时不能损伤根系。

(2)注意栽植深度，埋土至苗木原土痕处或根颈处即可，不能过深或过浅。

(3)树堰要拍实或踩实，避免浇水时漏水。

(4)浇水时注意不要出现跑冒滴漏现象，如果出现漏水现象及时用铁锹埋土堵严。

(5)挖掘母株时注意不要对母株根系造成太大的损伤，以免影响母株的生长发育，减少以后的萌蘖。

操作技巧：

1. 浇水时水流不能过猛，否则会冲坏树堰。最好在皮管出水口处垫一块蒲包片，以缓冲水流。

2. 除芽去蘖时，将根系、枝条萌生的萌蘖枝、芽用手掰下来，注意不要损伤根和枝条。

思考与讨论

1. 如何进行根蘖苗的分生繁殖?

2. 如何进行单株灌溉?

能力拓展

埋条法繁育毛白杨

【理论知识】

埋条育苗是将枝条平放，埋于苗床促其发芽、生根的育苗方法。待其发芽生根并长到一定高度时，再逐一将母条切断，即成为独立的苗木。主要有平埋法和点埋法。

平埋法：将整个枝条全部埋入土中的埋条法。

点埋法：将枝条隔一定的距离用土埋上的埋条法。

【技能训练】

一、埋条季节

埋条育苗多在春季进行。

二、采条

剪取一年生的萌蘖条或徒长枝，截去枝条梢端生长发育不充实的部分。

三、整地做床

(1)修水渠

在整平的地块上，沿东西向每隔 10m 做一水渠(图 4-11)。

(2) 作低床

以南北向为宜，床宽 1.2~1.5m，长度为种条长度的 2 倍，床的两端均为灌水沟(图 4-12)。

图 4-11　修　渠

图 4-12　作　床

四、埋条技术

1. 平埋法

顺床开沟，沟的深度要超过种条直径2cm左右，将种条梢端交叉相对，平放于沟中，覆土厚度2cm左右。种条的基部要埋在床端灌水沟的垄背内，以利于种条基部切口从灌水沟中吸收水分，在种条发芽生根期间苗床不需灌溉，故称为基灌埋条育苗法。

2. 点埋法

将种条梢端交叉相对，沿床芯走向平放于床芯内，每床放两行。每隔30cm堆一长、宽、高分别为30cm、20cm、10cm的梯形土堆。

五、育苗地管理

幼苗出土前只通过垄沟供水，可防止苗床土壤板结。待苗木出土再进行苗床灌溉。苗高达10cm左右时，在苗茎基部培土促进生根。夏季当每株苗都生出根时，再按株断开种条，促进其自根的发育。

小贴士

《城市园林苗圃育苗技术规程》(CJ/T 23—1999)是进行苗木繁育的行业标准和依据。本单元涉及的内容为繁育压条苗和分生苗的部分内容。

单元小结

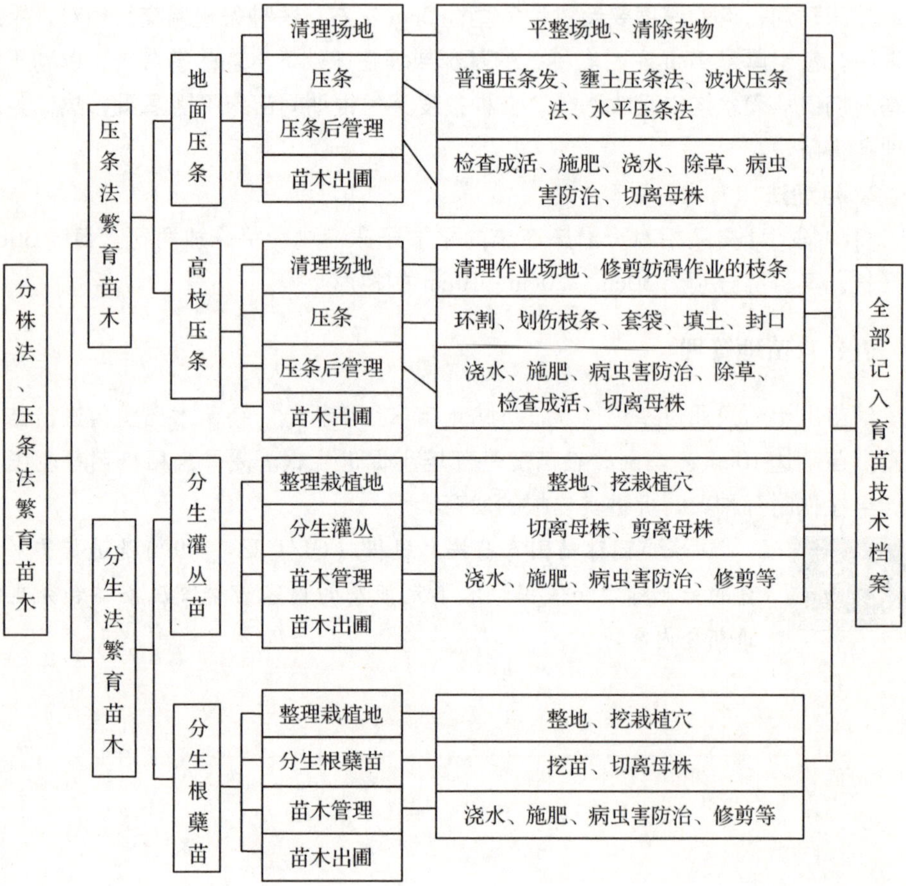
分株法、压条法繁育苗木
压条法繁育苗木
地面压条
清理场地
压条
压条后管理
苗木出圃
平整场地、清除杂物
普通压条发、壅土压条法、波状压条法、水平压条法
检查成活、施肥、浇水、除草、病虫害防治、切离母株
高枝压条
清理场地
压条
压条后管理
苗木出圃
清理作业场地、修剪妨碍作业的枝条
环割、划伤枝条、套袋、填土、封口
浇水、施肥、病虫害防治、除草、检查成活、切离母株
分生法繁育苗木
分生灌丛苗
整理栽植地
分生灌丛
苗木管理
苗木出圃
整地、挖栽植穴
切离母株、剪离母株
浇水、施肥、病虫害防治、修剪等
分生根蘖苗
整理栽植地
分生根蘖苗
苗木管理
苗木出圃
整地、挖栽植穴
挖苗、切离母株
浇水、施肥、病虫害防治、修剪等
全部记入育苗技术档案

单元练习与考核

单元练习

1. 名词解释

分株繁殖，分蘖繁殖。

2. 填空题

(1)分株繁殖一般在＿＿＿＿＿＿季节进行。分蘖一般在＿＿＿＿＿＿季节进行。

(2)分株繁殖适用于＿＿＿＿＿＿植物，分蘖繁殖适用于＿＿＿＿＿＿植物。

(3)采用＿＿＿＿＿＿＿＿方法促进分株母株多发枝条，采用＿＿＿＿＿＿方法促进分蘖母株多发根蘖。

3. 思考题

(1)简述分株繁殖的操作过程以及注意事项。

(2)简述分蘖繁殖的操作过程以及注意事项。

技能考核

一、考核评分表

裸根起苗考核评分表

分值	树苗 1	树苗 2	树苗 3	树苗 4	树苗 5
根幅大小(60 分)					
根系修剪(40 分)					
总分					
安全操作					

土球起苗考核评分表

分值	土球大小(30 分)	土球形状(10 分)	土球包装(50 分)				清理现场(10 分)
			草绳间距	草绳松紧度	腰绳	收底	
得分							
总分							
安全操作							

二、考核内容及评分标准

(一)裸根起苗考核标准

1. 时间要求

在50min内，起出5棵直径5cm的裸根苗。

2. 根幅大小(60分)

要求：根系的大小与树木的直径成一定的比例，保留的根越多越好。每棵苗木10分，不符合要求的每一株扣除1~10分。

3. 根系修剪(40分)

要求：对劈裂根、切口粗糙的根进行修剪。每棵苗木8分，不符合要求的每一株扣除1~8分。

4. 要求

严格按照安全操作过程进行起苗，出现工伤此项考核为0分。

(二)土球起苗考核标准(单股双轴)

1. 土球大小(30分)

要求：根据树木胸径大小而确定土球直径的大小，一般为1∶7~10。

(1)土球大小适中，符合要求。(30分)

(2)土球偏大。(20~25分)

(3)土球偏小。(15~20分)

(4)土球太小或太大。(14分以下)

2. 土球形状(10分)

要求：根据树木根系的深浅确定土球为苹果形或橘子形。

(1)符合上述要求。(10分)

(2)不符合上述要求。(0~9分)

3. 土球包装(50分)

要求：根据橘子包法的要求无论是顺时针还是逆时针缠绕，每道草绳之间距离均等，密度合适，草绳绑扎牢固，不能松脱。

(1)草绳绑扎牢固，不松脱，草绳缠绕密度合适，距离均等。(41~50分)

(2)草绳绑扎牢固，不松脱，草绳缠绕密度较大或较小，距离均等。(31~49分)

(3)草绳绑扎牢固，不松脱，草绳缠绕密度较大或较小，距离不均等占整个草绳的1/10。(25~30分)

（4）草绳绑扎不牢固，出现松脱现象。（0分）（出现此种现象给一次补救机会）

4. 清理现场（10分）

要求：作业完成后清理现场，做到场光地净。

（1）清理干净，工具收拾整洁。（10分）

（2）未清理干净，未收拾工具。（0分）

参考文献

刘承焕，王继煌 . 2011. 园林植物病虫害防治技术[M]. 北京：中国农业出版社 .
齐吉祥，马玉 . 2008. 公园讲解员培训考试教程——园林基础知识[M]. 北京：中国林业出版社 .
徐荣 . 2008. 园林植物环境[M]. 北京：中国建筑工业出版社 .
张东林 . 2005. 园林绿化与育苗工考试教程[M]. 北京：中国林业出版社 .

附　表

附表 1

播种苗生产日志记录表

树种：　　　　　　苗龄：　　　　　　施业面积：　　　　　　净面积：　　　　　　前茬：

作业方式	土壤耕作			种子情况									
	耕作时间	耙地时间	压地时间	作床(垄)时间	产地	采集(调入)时间	净度(%)	千粒重(g)	发芽率(%)	消毒方法	催芽处理方法	催芽处理起止日期	种子播种状态

播种前土壤消毒				播种作业						施肥					
										基肥			追肥		
方法	时间	药名	用量(m^2)	时间	方法	播种量	床面落种数(m^2)	覆土(沙)厚度	覆盖物类型	种类	用量	容器育苗基质配比	时间	种类	用量

灌溉				间苗								松土除草	
方式	灌溉量	次数	最后一次时间	第一次		第二次		第三次		第四次		人工除草次数(/年)	机械除草次数(/年)
				时间	留苗密度	时间	留苗密度	时间	留苗密度	时间	留苗密度		

病虫害防治						起苗假植					苗木质量			
病虫、灾害类型	时间	药剂名称	用量(kg/hm^2)	浓度	效果	起苗			假植		总产	平均单产		
						时间	工具	伤苗率(%)	方法	时间		Ⅰ级	Ⅱ级	Ⅰ、Ⅱ级(%)

附表 2

嫁接育苗技术措施日志记录表

育苗面积			苗龄			前茬		
嫁接繁殖	接穗来源		嫁接方法		成活率			
	贮藏方法		嫁接时间		解除绑缚时间			
苗木移植	土壤消毒	消毒方法		作床日期	移植时间		移植方法	
		消毒药品及用量						
施肥		施肥日期	肥料种类	施肥量				
	基肥							
	追肥							
灌溉	次数		日期					
中耕	次数		日期		深度			
病虫害		名称	发生日期	防治日期	药剂种类	浓度	方法	效果
	病害							
	虫害							

附表 3

扦插育苗技术措施日志记录表

树种

育苗面积			苗龄			前茬		
扦插繁殖	插条来源		扦插方法		成活率			
	贮藏方法		扦插密度					
整地	作床日期		苗床基质		消毒方法			
施肥		施肥日期	肥料种类	施肥量				
	基肥							
	追肥							
灌溉	次数		日期					
中耕	次数		日期		深度			
病虫害		名称	发生日期	防治日期	药剂种类	浓度	方法	效果
	病害							
	虫害							